"十四五"时期国家重点出版物出版专项规划项目

中国城乡可持续建设文库

丛书主编　孟建民　李保峰

The Deconstruction of the Resilience Mechanism
in Existing Buildings Regeneration

既有建筑再生韧性机理解构

李　勤　郭　平　陈雅斌　陈尼京　王歌庆　著

华中科技大学出版社
http://www.hustp.com
中国·武汉

图书在版编目(CIP)数据

既有建筑再生韧性机理解构/李勤等著.—武汉:华中科技大学出版社,2022.11
(中国城乡可持续建设文库)
ISBN 978-7-5680-8594-6

Ⅰ.①既… Ⅱ.①李… Ⅲ.①建筑设计-研究 Ⅳ.①TU2

中国版本图书馆 CIP 数据核字(2022)第 184488 号

既有建筑再生韧性机理解构
Jiyou Jianzhu Zaisheng Renxing Jili Jiegou

李 勤 郭 平 陈雅斌
陈尼京 王歌庆
著

策划编辑:简晓思
责任编辑:简晓思
封面设计:王 娜
责任校对:刘 竣
责任监印:朱 玢
出版发行:华中科技大学出版社(中国·武汉)　　电话:(027)81321913
　　　　　武汉市东湖新技术开发区华工科技园　　邮编:430223
录　　排:武汉正风天下文化发展有限公司
印　　刷:武汉科源印刷设计有限公司
开　　本:710mm×1000mm　1/16
印　　张:13.75
字　　数:210 千字
版　　次:2022 年 11 月第 1 版第 1 次印刷
定　　价:88.00 元

编写（调研）组成员

组　　长：李　勤

副组长：郭　平　　陈雅斌　　陈尼京　　王歌庆

成　　员：王　蓓　　郭晓楠　　胡澳香　　李慧民

　　　　　贾丽欣　　张　扬　　鄂天畅　　闫永强

　　　　　崔　凯　　田　卫　　都　晗　　李文龙

　　　　　刘怡君　　代宗育　　武仲豪　　钟兴润

　　　　　杨占军　　周　帆　　邸　巍　　刘慧军

　　　　　王孙梦　　柴　庆　　华　珊　　陈　旭

　　　　　龚建飞　　张家伟　　王梦钰　　余传婷

　　　　　吕双宁　　王锦烨　　彭绍民

内容简介 |

    本书对既有建筑再生过程中韧性设计的基本理论与方法进行了系统论述。全书分为8章,其中第1章对韧性设计的内涵、现状、历程与策略做了系统剖析;第2章对韧性设计的理念、基础、价值与发展做了探讨;第3~7章分别从结构韧性、空间韧性、技术韧性、材料韧性和创新韧性5个方面出发,通过明确韧性设计的认知框架、影响机制、问题分析和设计策略,具体阐述了既有建筑再生韧性设计的策略,第8章为既有建筑再生设计案例介绍。

    本书可供从事既有建筑再生设计的工程技术人员参考,也可作为高等院校土木工程、工程管理、安全管理专业的教学用书。

前　言

本书是对既有建筑再生过程中韧性设计的系统论述。在深入剖析韧性设计概念和内涵的基础上，将既有建筑韧性设计按照时间和空间拆解为结构韧性、空间韧性、技术韧性、材料韧性、创新韧性5个方面并展开深入分析。全书分为8章，其中第1章介绍了既有建筑再生韧性设计的基础内容，对其基本概念、研究现状、发展历程和策略进行了系统剖析，指出了既有建筑再生韧性设计的重要作用；第2章对既有建筑再生韧性设计内涵、理论基础、意义价值和基本策略展开系统分析；第3～7章分别从结构韧性、空间韧性、技术韧性、材料韧性和创新韧性5个方面出发，通过明确韧性设计的认知框架、影响机制、问题分析和设计策略，具体阐述了既有建筑再生韧性设计的方法，第8章从实例出发，对既有建筑再生韧性设计的相关理论展开进一步的阐释。

本书由李勤、郭平、陈雅斌、陈尼京、王歌庆著。其中各章分工为：第1章由李勤、郭平、武仲豪、陈雅斌编写；第2章由李勤、郭平、代宗育、陈尼京编写；第3章由王蓓、胡澳香、陈雅斌、张家伟编写；第4章由李勤、崔凯、都晗、王歌庆编写；第5章由郭晓楠、胡澳香、武仲豪、陈雅斌编写；第6章由郭平、闫永强、王歌庆、王梦钰编写；第7章由李勤、鄂天畅、陈尼京、陈雅斌编写；第8章由胡澳香、郭平、李勤、陈尼京编写。

本书的撰写得到了北京建筑大学校级研究生教育教学质量提升项目——优质课程建设（批准号：J2021012）、北京市教育科学"十三五"规划课题"共生理念在历史街区保护规划设计课程中的实践研究"（批准号：CDDB19167）、中国建设教育协会课题"文脉传承在'老城街区保护规划课程'中的实践研究"（批准号：2019061）、北京市属高校基本科研业务费项目"基于城市触媒理论的旧工业区绿色再生策略与评定研究"（批准号：X20055）及北京建筑大学教材建设项目（批准号：C2117）的支持。此外，本书还得到了西安建筑科技大学、陕西省西咸新区工程质量安全监督站、陕西省建筑工程质量检测中心有限公司、中冶建筑研究总院有限公司、西安高新硬科技产业投资控股集团有限公司、西安建筑科技大学华清学院、中天西北建设投资集团有限公司、昆明八七一文化投资有限公司、中国核工业中原建设有限公司、西安市住房和城乡建设局、西安华清科教产业（集团）有限公司等的大力支持与帮助。在编著过程中，作者参考了许多专家和学者的有关研究成果及文献资料，在此一并向他们表示衷心的感谢！

由于作者水平有限，书中不足之处，敬请广大读者批评指正。

作　者
2022 年 8 月

目　　录

1

既有建筑再生韧性设计基础知识

城市化进程的加速带来了人口分布、产业结构及地域空间等属性的转变,而改造既有建筑是探索城市更新的路径和机遇。为适应《中华人民共和国国民经济和社会发展第十四个五年规划和 2035 年远景目标纲要》提出的新要求,再生利用成为处理既有建筑的措施之一。然而,很多既有建筑生态系统日益萎缩,大幅降低了建筑的自身承载能力和自我修复能力,致使人民的经济和生命安全产生了巨大隐患。因此,亟须结合既有建筑再生设计的实际情况,建立韧性作用体系。本章从既有建筑再生设计研究的主要内容、研究基础和发展现状等方面出发,为全面构建既有建筑再生韧性设计体系奠定基础框架。

1.1　既有建筑再生韧性设计的主要内容

1.1.1　概念界定

1. 既有建筑

既有建筑是指已建成使用的,迄今为止仍存在的旧建筑,是原建筑或建筑改造后具有社会价值、经济价值且现有的可以避免拆除的这类建筑物的总称,包括民用建筑、工业建筑和其他建筑,如图 1-1 所示。城市的发展过程需要持续的积淀,建筑是城市历史文脉的重要载体,建筑文化在不同时期的叠加,使得城市的历史文化更加丰富多彩。很多既有建筑因为不同的时代特点,同时拥有技术价值和艺术价值,逐渐成为城市的特色标识和时代记忆。

2. 既有建筑再生设计

在新的发展条件下,城市逐渐从增量扩张模式向存量提质模式转变,城市更新已成为城市发展的主要方式,存量巨大的既有建筑是城市更新进程中不容忽视的一环。据统计,我国既有建筑面积已超过 600 亿平方米,这些建筑经过多年使用,在结构、空间、技术、材料等诸多方面已无法满足现阶段居民的使用要求和安全标准,需要对其进行再生设计,使其实现可持续发展,既改善建筑既存现状,又突出城市特色,如图 1-2 所示。

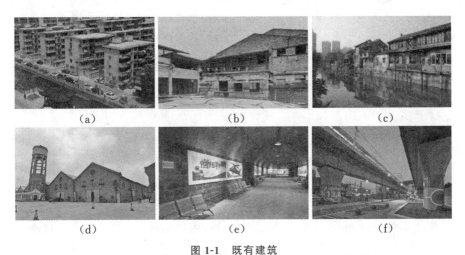

图 1-1　既有建筑

(a)居民住宅;(b)工业厂房;(c)历史街区;(d)码头工程;(e)人防工程;(f)道桥工程

图 1-2　既有建筑再生设计

(a)老旧小区改造;(b)旧工业建筑再生;(c)历史街区更新;(d)港区改造;(e)人防工程改造;(f)道桥环境再生

3.韧性及韧性理论

"韧性(resilience)"一词源于拉丁语"resilio",原意是"复位到原始状态",后发展为法语词汇"résiler",意为"撤回或取消",接着逐步演变为现代

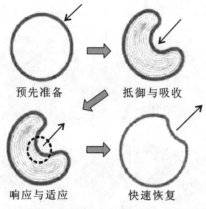

图 1-3　生态系统应对外界扰动的过程

预先准备　　抵御与吸收

响应与适应　　快速恢复

英语中的"resile"。随着时代的演进,韧性概念被不断运用于各个学科。19世纪50年代,韧性概念被应用于机械学领域,描述金属在外力作用下形变之后仍能回到原始状态的能力。20世纪50—80年代,韧性概念扩展至心理学领域,用以表述人在受到心理创伤后的恢复情况。随后,生态学家霍林(Holling)首次将韧性概念应用于系统生态学(systems ecology)的研究领域,用以描述"生态系统受到扰动后恢复到稳定状态的能力"(见图1-3)。随着相关研究和跨学科交流的不断深入,韧性概念逐渐延展至人类生态学、社会生态学、城市经济学、城乡规划学。在其运用领域不断扩展的过程中,其内涵也经历了两次较为彻底的修正,从强调"单一稳态"的工程韧性到"塑造新的稳态"的生态韧性(见图1-4),再到摒弃了对稳态的追求转而强调适应能力的演进韧性,韧性的内涵与韧性概念的外延被不断完善与扩展,学术界对韧性的关注度也日渐上升。

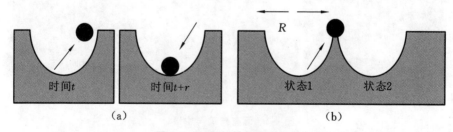

时间t　　时间$t+r$　　R　　状态1　　状态2

（a）　　（b）

图 1-4　工程韧性与生态韧性

（a）工程韧性（r）；（b）生态韧性（R）

随着对韧性相关研究的不断深入与系统化,韧性在社会生态领域逐渐发展成为一套理论——韧性理论。戴维·R·戈德沙尔克（David R.

Godschalk)认为,城市系统不应被单纯看作是人类与社会生态系统等相互阻隔的系统的集合,它是人类活动与社会生态系统相互作用的产物,其内在机制十分复杂。而城市系统所受的扰动(如灾害风险)具有极高的不确定性。因此研究韧性理论的学者认为,人类应当适应、接受、兼容这些扰动,摒弃对单一稳态的追求,在不断波动的环境中适应性发展。同时,他们认为,城市发展应摒弃以防御为主的工程性思维,过度抑制会破坏生态系统自我调节的机能,长此以往,极易造成系统崩溃;再者,强制性地防御小规模扰动会让人类失去对大规模扰动的适应能力,进而引发更惨痛的损失。韧性理论学者扭转了传统的灾害管理思维,将视野转向如何使系统具有在波动环境中仍能平稳运行、受到大规模冲击后仍能迅速恢复到原有状态继而持续发展的能力,从而在日渐复杂的气候环境与城市环境中得以存续。

4. 既有建筑再生韧性设计

随着研究的不断深入,学者发现韧性在诸多物质和系统中均存在,想要大幅度地提高系统的稳定性和发展能力,可以通过提高系统的韧性来实现。韧性概念的发展经历了工程韧性、生态韧性、演进韧性的阶段,如表 1-1 所示。工程韧性是指系统在受到扰动,偏离原有稳态后恢复到初始状态的速度,有序和线性是其系统特征。生态韧性是用一个量级去刻画系统自身结构改变之前所吸收的扰动,复杂和非线性是其系统特征。而演进韧性是持续的、动态的调整过程,其系统特征是混沌的。

表 1-1　韧性概念演变过程及其特征

观点	工程韧性	生态韧性	演进韧性
状态	单一稳态	多个稳态	放弃追求稳态
本质目标	恢复初始稳态	塑造新的稳态,强调缓冲能力	强调持续适应能力、学习反思能力与创新能力
理论支持	工程思维	生态学思维	系统论、适应性循环、生态流效应

观点	工程韧性	生态韧性	演进韧性
定义	系统在受到扰动偏离原有稳态后,恢复到初始状态的速度	系统改变自身结构之前所能够吸收的扰动的量	与持续调整的能力息息相关,其系统属性是动态的

既有建筑再生韧性设计是指通过准确评估与合理设计,以系统对不确定因素的响应和适应能力为核心,合理再利用既有建筑,并在此基础上提高既有建筑应对外界干扰的能力,实现既有建筑系统的安全、生态、高效运行。韧性设计与城市更新过程中的可持续发展诉求相契合,涉及灾害防治、生态修复等多个领域。

1.1.2 既有建筑再生设计韧性要素

既有建筑再生设计是通过修复、翻新等方式,对无法满足使用要求的建筑进行再利用,提高既有建筑的适用性、实用性、舒适性及建筑能效。由于再生设计系统与结构、空间、技术、材料等具有耦合关系,因此本书将既有建筑再生过程中的韧性设计要素分为结构韧性、空间韧性、技术韧性、材料韧性和创新韧性五个方面,如图 1-5 所示。

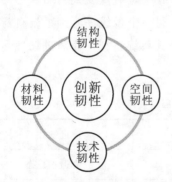

图 1-5 既有建筑再生设计韧性要素

1. 结构韧性

结构韧性是指既有建筑的结构经过检测、加固等处理,安全性、可靠性和耐久性等得以复原,具有维持与恢复原有建筑功能的能力。设计原则有三点:首先,既有建筑再生设计应采用合理的结构体系,使新老结构的抗震能力及关系协调一致,尽量减小由荷载变化带来的附加应力和变形;其次,既有建筑再生设计应考虑到结构设计标准和使用期限损耗等,结合既有建筑再生后的使用寿命和使用功能预留发展空间,保证在达到设计标准和良好使用要求的同时,降低建筑的资源、能源损耗;最后,在科技进步和市场需求的主导下,推进既有建筑的功能性再生,以增强其适用性和舒适性,对应的附属公共设施也应同步提高适用性和舒适性。

2. 空间韧性

空间韧性包括既有建筑的内部空间,也包括外部空间。空间韧性作为城市韧性的空间支撑,一方面应具有多样的形式与综合的功能,在应急状态下可以相互支撑,通过应急手段,充分调动各类具有公共服务效能的存量空间,提供多种预案;另一方面,空间应具有一定的容量弹性和可替换性,在危机发生时支撑城市处于相对低耗、安全的应急状态,并储备恢复正常运转所需的弹性。

3. 技术韧性

技术韧性是指通过管理技术、施工技术、数字技术、生态技术等提高和改善既有建筑抵御外界扰动、变形与破坏并迅速恢复原有功能的能力。

4. 材料韧性

材料韧性主要是指当建筑受到外部荷载或干扰等不利影响时,建筑材料能很快作出适应反应,并在短时间内恢复原有功能状态的能力。其核心是研究建筑材料在受到外部环境干扰时,能在短时间内形成新的机制,更好、更快地去适应新环境,并恢复原有的功能状态。

5. 创新韧性

创新是基于既有建筑现状进行创造性更新与改造的一种方式,其将新观念、新制度、新产品、新市场、新管理方式等引入既有建筑。创新也是推动韧性发展的强大动力,通过对既有建筑的物质层面和意识层面进行创新,能够有效激发场地活力,带来新的生命力,实现可持续发展。

1.2 既有建筑再生韧性设计的研究基础

1.2.1 既有建筑再生设计的研究现状

1. 国外研究现状

20 世纪 90 年代之后,欧美等发达国家的新建建筑市场逐渐萎缩,出于对资源合理利用和环境保护的重视,人们开始关注以既有建筑为主要对象的建筑维护、维修、改造与扩建等方面的研究与应用。随着科技水平和施工工艺的进步,人们对既有建筑改造的理念逐步突破了原有结构性加固改造的范畴,逐步提升为对建筑综合性能的提升和改造,并对建筑物乃至整个建筑区域的空间环境、可持续使用功能和运行能耗等进行全面改造,使改造后的建筑最终满足人们的工作和生活需求、提升用户体验并达到节能减排的目标。随着对建筑设计理念的探索,绿色建筑、智慧建筑与可持续建筑逐渐进入大众视野,既有建筑改造的范围逐渐扩展到既有建筑改建、扩建和再生利用。

为促进既有建筑区域的更新改造,鼓励相关企业和个人参与到既有建筑的维护与改造中,各国通常在经济政策、市场化推广、改造措施和控制管理方法等方面都给予资助和支持,主要表现为修订建筑标准、监管既有建筑改造规划、制定经济鼓励政策等,提升民众的积极性,保证既有建筑改造再利用的可实现性。如日本出台并不断修订《住宅区改造法》《土木建筑更换标准》等规范,用于指导既有建筑改造再利用和修葺;欧盟颁布《建筑能效指令》,实现建筑能耗的透明化、公开化,并要求既有建筑改造后满足最低能耗标识;英国修订《建筑法规》,并制订《建筑能效法规(能源证书和检查制度)》,以既有建筑安全整体改造为前提,加强房屋节能改造管理;德国在既有建筑改造再利用时主张加大对新技术和新能源的利用,并对其基于全生命周期的经济性、生态性和能源的平衡性进行评估,使之改造成为可持续建筑;美国在既有建筑的再利用方面比较注重维护城区整体的建筑风格和延续历史风貌,即在提倡改造建筑内部设施、更换围护结构、降低运行能耗的同时,要保持房屋外部风格统一;加拿大出台相关法案,如"住宅再利用计划(Residential Rehabilitation Program)"和"大街计划(Main Street Project)"等,通过对既有建筑的规划层次、指标和内容的控制,实现对国家范围内既有建筑的科学改造。

2. 国内研究现状

既有建筑在我国的改造历程以旧城改造为开端,促进旧城区中的危旧房屋改造,早期如上海新天地将原石库门式建筑升级为文化娱乐中心、北京前门大栅栏传统街区保护与更新、西安解放路商业区改造等。近年来东北三省大规模安居改造工程、北京市房山区改造、天津市红桥区西于庄棚户区改造等,将既有建筑改造从历史建筑的维护与更新逐步扩展到普通既有建筑的更新再利用。随着改造技术和理念的逐步成熟,既有建筑的改造再利用逐步考虑旧建筑与新的社会需求、社会环境的结合,如北京798艺术区、上海创意产业园区的建筑功能性改造再利用,青岛市区旧住宅区和疗养区的扩建、加固,北京纺织部大楼加固、加层、改建工程,广州华侨大厦改扩建工程等,旧建筑通过使用性能完善或建筑功能转型等途径获得新生。

尽管我国针对既有建筑改造的专项政策和法规体系还未建立,但是在相关规范中已单独明确既有建筑改造的措施和技术规程,并且已出台《既有居住建筑节能改造技术规程》(JGJ/T 129—2012)、《既有建筑评定与改造技术规范(征求意见稿)》、《既有建筑改造绿色评价标准》(GB/T 51141—2015)、《公共建筑节能改造技术规范》(JGJ 176—2009)、《供热系统节能改造技术规范》(GB/T 50893—2013)等一系列规范来指导当前阶段的既有建筑改造工程实施。

1.2.2　韧性分析的研究现状

韧性理论与思维广泛应用于城市韧性评估及城市规划的实践。城市韧性评估指标体系研究成果丰富,代表性的成果包括加州大学伯克利分校应用"韧性能力指数"RCI指标体系,其对美国361个城市的城区进行评估,识别出了不同韧性等级的城市。联合国减灾署在2012年的《如何使城市更具韧性地方政府领导人手册》中确定了该指标体系,提出了"让城市更具韧性十大要素"。近年来,关于城市韧性的研究方法逐渐多元化、科学化,由定性测度为主逐渐走向定量测度为主。针对城市不同系统、不同层次研究区域的城市韧性评估方法与模型不断丰富,主要包括情景规划、关键阈值分析、社会网络模型、模糊认知图、蒙特卡洛模型、神经网络分析等。

1990 年末,韧性与城市规划结合,为韧性的实践提供行动框架。约瑟夫·杰宾瑞提出了"脆弱性分析—政府管制—预防—不确定性导向规划"的韧性城市规划框架,并将缓解和适应的内容纳入其中。纽约市发布了《建立更强大的韧性城市:纽约》报告,伦敦政府发布了《管理风险和提高韧性》,作为应对气候变化下城市韧性规划的行动策略。在我国,学者黄晓军等提出包括风险要素识别、脆弱性与韧性测度、面向不确定性的规划响应、弹性规划策略的韧性城市规划框架。黄富民等构建了包括体制机制、韧性能力评估、韧性规划、数据维护和教育及演练等六个方面的韧性城市框架,进一步概括为硬件建设与软件建设,为韧性城市防灾建设提出方法。城市韧性在城市规划与实践领域正在不断发展。

既有建筑是城市这个多元复杂系统中的重要组成部分,也是城市韧性的重要载体。既有建筑再生设计的韧性研究客观上承认不确定因素对系统造成的负面影响,但强调通过积极应对、适应性学习和创新等方法,使得城市整体格局保持完整,功能运行正常持续,是对城市更新、城市系统安全、可持续发展模式的进一步深化,为解决既有建筑稳定发展需求和城市内外不可预测性干扰之间的矛盾提供了一种新的思路。

1.3　既有建筑再生韧性设计的发展现状

既有建筑再生利用的蓬勃发展与现代生活水平的提升不可分割,物质需求的满足使得人们的精神需求也随之提升。很多既有建筑承载了人们对生活和历史文化的情怀与向往,但其空间形式与现代城市生活格格不入,如安全性差、建筑功能不完善、人文关怀缺失等。对既有建筑进行韧性设计,注重居民使用体验和感受,有利于促进既有建筑的可持续发展。我国相关部门对民用建筑、工业建筑、港区及码头工程、军工及人防工程、道路及桥梁工程等积极进行广泛再利用,成为既有建筑发展的一种整体趋势。

1.3.1　既有民用建筑再生韧性设计

既有民用建筑(简称既有民建)主要指既有居住建筑和既有公共建筑两类,如图1-6所示。既有民建存在功能短板,如停车位短缺、基础设施不完善、景观匮乏等问题,难以实现可持续发展,城市区域活力丧失。同时,由于建筑年代久远,在功能技术和经济成本的双重制约下,既有民建的建设强度不足,土地利用效率低下,成为极具开发和再生价值的土地资源。韧性理论作为一种"与干扰共存",主动适应复杂形势的系统性理论,能够有效地解决既有民建面临的空间风险性大、脆弱性强等问题。

(a)　　　　　　　　　　(b)

(c)　　　　　　　　　　(d)

图1-6　既有民用建筑

(a)住宅;(b)宿舍;(c)商业建筑;(d)办公建筑

现阶段,我国既有民建改造的目标是改善空间与人之间的关系,改善居民的居住环境。既有民建再生设计的韧性特征体现在物质环境、公共服务与管理体系三个层面。在不同的灾害阶段,韧性特征的体现各有侧重,如表1-2所示。

表 1-2　既有民用建筑再生设计的韧性特征

韧性特征	表现
物质环境	①空间结构的连通性与互依性,即各空间呈现为结构上彼此相通、功能上相互依存的韧性网络; ②空间布局的灵活性,即空间分布不过于集中或分散,面对冲击有调整余地且不会分崩离析; ③空间形式的地方性与生态化,即空间风格与样式符合地方文脉与环境特色,遭到破坏后可因地制宜、迅速恢复
公共服务	①灾前表现为服务类型的多功能化,有助于社区多角度增强风险意识,全方位做好防灾准备; ②灾中表现为服务手段的智慧化,即通过智慧技术构建应急智慧信息平台,从而实现高效的信息发布、应急指挥、灾情评估、灾民安置等服务内容; ③灾后表现为服务理念的人性化,即在满足基本物质需求的同时更多关注居民的心理需求,通过重塑社区活力和凝聚力,促进人文系统的恢复与加固
管理体系	①灾前表现为管理机构在灾难预测与准备工作中的自主性、先见性和全面性; ②灾中表现为管理模式在组织应急工作中的能动性与高效性; ③灾后表现为各管理模式间的协作性,以及管理机构恢复学习与工作的计划性

基于韧性理念的既有民建再生设计实践可以通过加强基础设施韧性、空间韧性和服务韧性提升空间的环境品质,如图1-7所示。

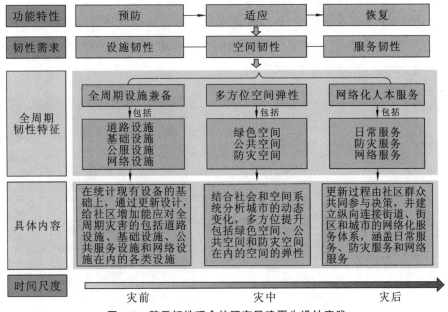

图 1-7　基于韧性理念的既有民建再生设计实践

1. 灾前预防:全周期应急设施配备

既有民建的各项设施是支撑建筑得以有效运转的基本条件,不同的设施承担了建筑相应层级的系统运转,而全周期兼备的设施帮助建筑获得应对灾害发生和灾后基本功能快速恢复的能力,也就是帮助建筑建立设施韧性。规划师要重视对设施脆弱性的研究,有效增强建筑抵御灾害的能力。全周期的设施包含道路设施、基础设施、公共服务设施和网络设施等,例如运用智能感知技术全方位检测,大数据实时分析、预警风险各项数据,精准预测社区各项突发公共灾害。

2. 灾中适应:多方位空间韧性建设

韧性规划应结合社会和空间系统分析城市的动态变化,在面对灾害时有的放矢,作出准确的适应性反应。多方位提升包括绿色空间、公共空间和防灾空间在内的空间韧性,提高城市的适应性能,有效应对发展中的不确定性和公共危机,促进建立既有民建的空间韧性,如图 1-8 所示。通过更新建筑空间环境,辅以建筑逃生、救灾空间的修缮,增强既有民建的韧性。此外,绿色空间不但能改善居民的身心健康,而且在促进邻里交往、增强居民归属感方面也能发挥重要作用,进而有助于社会经济层面的快速恢复。防灾空间具有多样性、灵活性和多功能性的特点,除了满足建筑防灾标准的基本空间,应急车道、限定停车空间等皆可成为灵活、具有韧性的防灾空间。

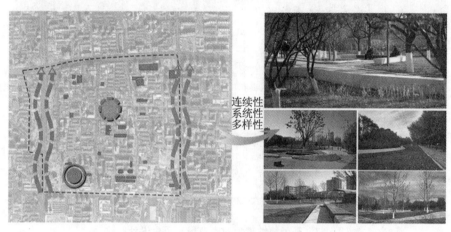

图 1-8 多方位空间韧性建设

3. 灾后恢复:网格化人本服务构建

灾后的快速恢复包括既有民建环境的自我营建和居民的共同营建。建立多层次、网格化的人本服务可促进社区在灾害全周期的应对能力。社区需要与街道、街区和城市搭建纵向服务网络,包括网络实时信息共享、层层生活圈服务网和服务设施关系递进、减灾应急预案纵向关联和防灾知识教育等。

1.3.2　既有工业建筑再生韧性设计

既有工业建筑是指出于各种原因失去原使用功能而被闲置的工业建筑及其附属建(构)筑物和其所在环境的集合。再生设计是在原有工业建筑没有全部拆除的前提下,利用原有建筑物质实体并相应保留其承载的历史文化内容的一种建造方式,如图 1-9 所示。既有工业建筑再生设计要求设计师发掘建筑过去的价值以及可能承受的灾害或不利影响,研究建筑面临灾害

（a）　　　　　　　　　　　　　　　　　（b）

（c）　　　　　　　　　　　　　　　　　（d）

图 1-9　既有工业建筑再生设计

（a）广州原废弃电站再生设计为美术馆；（b）西安某厂房再生设计为创意酒店；
（c）丹麦某厂房再生设计为复合体育场；（d）阿姆斯特丹某厂房再生设计为图书馆

时抵御灾害、适应灾害并通过自身恢复达到新的平衡的能力。下面从生态环境、社会文化、经济三个方面探讨既有工业建筑再生设计的韧性特征及作用。

1. 既有工业建筑再生设计的生态韧性

既有工业建筑再生设计的过程是现有资源循环再利用的过程，从生态环境的角度可以将其视为抵御环境风险的有力举措，即具有生态韧性。既有工业建筑的再生保留了原建筑自身所蕴含的能源，因此，既有工业建筑的再生设计符合可持续的发展观。

2. 既有工业建筑再生设计的社会文化韧性

既有工业建筑是城市产业发展、空间结构演变、产业建筑发展的历史见证,也是体现城市风貌的重要景观。既有工业建筑的再生不仅可以保持实体环境,还保存了特定的生活方式,具有历史延续性。

既有工业建筑在空间尺度、建筑风格、材料色彩、构造技术等方面记载了工业社会和后工业社会的发展演变及文化价值取向,反映了工业时代的政治、经济、文化及科学技术的情况,是关于工业化时代的"实物展品"。因此,既有工业建筑的再生利用一方面可以保留城市与建筑环境中的工业时代特征,另一方面也增强了城市发展的历史厚重感。

既有工业建筑再生利用对现有社会生活方式多样性的存留有一定的保护作用,能为满足消费者的不同需求、创造时尚潮流的建筑空间提供更多可能性。

既有工业建筑再生利用还有利于保存人们对场所文化的认同感和归属感。既有工业建筑记载了一段历史,原有的环境所蕴含和形成的场所文化能够激起人们的回忆与憧憬,其空间能与人产生交流。因此,对既有工业建筑进行恰当的改建和再利用,可以使之在改善环境、恢复活力的同时维持原有的文化特色,丰富现代城市的文化内涵。

3. 既有工业建筑再生利用的经济韧性

既有工业建筑潜在的经济价值是改造再利用的主要原因之一。首先,西方发达国家1987年的统计数据就表明,既有工业建筑的再生利用比新建同样规模和标准的建筑节约1/4～1/2的费用。既有工业建筑在建造过程中往往采用当时比较先进的技术,并且使用的材料强度高、结构稳定。对于这些结构坚固、体量巨大的厂房,改造再利用可以节省拆除建筑、平整场地等各方面的费用。其次,既有工业建筑往往位于城市的中心地段或滨江地区,地理位置优越、交通便利、容积率低,具有很高的商业价值。再利用时不用考虑既有工业人员的拆迁安置,如果改造成功,也能获得较高、较快的投资回报。

1.3.3　其他既有建(构)筑物再生韧性设计

其他既有建(构)筑物是指除民用建筑、工业建筑以外的工程实体,直接或间接为人类生活、生产、军事提供服务的各种工程设施,例如隧道、桥梁、运河、堤坝、港口及防护工程等。

1. 港区及码头工程再生设计

随着对外贸易的增长，原有港口泊位不能满足工业生产和大型船只的停靠需求，上海、广州、天津、大连、青岛等城市都陆续择址另建深水港，原有港口就逐渐丧失功能，亟须改造再利用。如广州太古仓码头，旧称"白蚬壳"，由原英商太古洋行建于 1904—1908 年，2005 年被定为广州市文物保护单位。码头由 3 座丁字形栈桥式混凝土码头和 7 幢(8 个编号)砖木结构仓库组成，历经民国、抗日战争和解放战争时期，默默见证了社会历史的变迁。如今的太古仓再生设计为集休闲、娱乐、艺术、购物、展贸于一体的观光码头，成为广州市中心最具历史文化特色的休闲旅游景点，如图 1-10 所示。上海的十六铺码头，作为上海外滩著名的码头拥有百余年的历史，曾是远东最大的码头。随着上海外滩历经近三年的整体改造，这座老码头也旧貌换新颜，告别了过去单一的形象和功能，成为标志性的城市景观平台，除了作为黄浦江水上旅游中心，还具有公共滨江绿地、大型商业餐饮和大型停车库等各种功能，如图 1-11 所示。

(a)　　　　　　　　　　　　　　　　(b)

图 1-10　广州太古仓码头再生设计成果

(a)改造前；(b)改造后

2. 军工及人防工程再生设计

20 世纪 60—70 年代，以备战为目的的人防工程，多缺乏整体规划与设计，功能单一，布局与城市建设脱节。20 世纪 80 年代初期，为适应经济发展和城市规划建设的需要，政府对早期人防工程进行再生利用，开创新的社会

（a）　　　　　　　　　　　　　　　　（b）

图 1-11　上海十六铺码头再生设计成果

（a）改造前；（b）改造后

效益。20 世纪 80 年代末期，随着经济建设的高速发展，地铁工程、地下人行通道、地下商场等地下空间建筑物大量兴建，人防工程建设逐步走向与城市建设相结合的道路，被纳入城市地下空间综合利用中，被开发为地下停车库、地下商业街等集购物、阅览、健身于一体的多元化空间，如图 1-12 所示。

（a）　　　　　　　　　　（b）　　　　　　　　　　（c）

图 1-12　人防工程再生设计成果

（a）北京市某人防工程再生设计为地下停车库；（b）重庆某人防工程再生设计为加油站；
（c）浙江某人防工程再生设计为纳凉场所

3. 桥下空间再生利用

近年来，公共交通不断发展与进步，道路交通系统不断完善。城市中立交桥网络的建设与完善使得城市的交通空间得以纵向延伸，提升交通效率的同时，桥下空间也成为城市居民可以合理利用的活动场所。

浙江台州黄岩区以推动城市转型升级为契机，在全域范围内开展桥下空间管理利用工作，实现桥下空间再生利用，合理利用土地资源，改善居住环境,扩大娱乐健身场所,实现经济效益、环境效益、社会效益最大化,如图 1-13 所示。墨尔本城市线性公园依附于高架轨道,以邻里、地方和社区激活节点为特色,为社区提供了良好的娱乐场所,尺度从小型的集会场所、健身站、休闲座位和种植场所,到操场、野餐区、宠物公园等应有尽有,成功地使桥下空间成为具有功能性、包容性与吸引力的公共空间,如图 1-14 所示。韩国汉南立交桥创造了一个舒适美观的桥下通道环境,可供人们休息、聊天,成为一片富有活力的城市空间,如图 1-15 所示。

图 1-13　浙江台州桥下驿站

图 1-14　墨尔本城市线性公园

图 1-15　韩国汉南立交桥

2

既有建筑再生韧性设计内涵

在我国城市发展的新趋势下,经济、社会环境、科学技术等的变化使既有建筑面对的风险种类、强度、影响范围都产生了巨大的变化,应引入新思路、新方法应对挑战。

2.1 既有建筑再生韧性设计基础

2.1.1 既有建筑韧性作用的阶段

既有建筑在受到外来扰动时,其作用过程可概括为防御、恢复、改进三个阶段。首先,当外部出现扰动时,既有建筑系统具有一定的抵御能力,并进行自我修复;其次,随着扰动的持续增加,既有建筑系统进行自我修复与调整;最后,当扰动增大到超出既有建筑系统自身的承受能力时,系统需要不断改进和重建,以适应新环境并继续发展。对既有建筑进行韧性设计时,要综合考虑以上三个阶段,通过专业的技术手段对其进行韧性改造,以延续既有建筑的生命力。

2.1.2 既有建筑再生韧性设计特征

既有建筑再生韧性设计可总结为:在既有建筑再生过程中加强韧性设计,使其具有吸收外界冲击和扰动以及组织恢复原状或达到新平衡态的能力,具有稳健性、随机应变力、灵活性、冗余性和包容性等特性,从而快速、有效地从灾害或事故中恢复。

韧性具有三个本质特征:一是系统能够承受一系列改变并且仍然保持功能和结构的控制力;二是系统有能力进行自组织;三是系统有建立和促进学习自适应的能力。从基本概念出发,本书将既有建筑再生韧性设计应具备的特质总结如表 2-1 所示。

表 2-1　既有建筑再生设计韧性的特征

特征	概念与要求
可恢复力	即建筑遭受灾害后快速而有效恢复的能力。要求建筑对一般性灾害或公共安全时间情境的全过程进行充分准备,从灾害预防、应急响应、灾后重建准备及灾害恢复等各个方面给予组织、技术、管理、物资和资金保障
可控制力	发生概率低、强度巨大的灾害或事故往往给既有建筑带来毁灭性伤害。这要求既有建筑全面识别公共安全风险源,综合考虑各种风险及风险的未知组合,完善应急预案体系,强化生命线系统,维持既有建筑一定时期内基本功能的运转
自组织力	通过管理者进行合理空间布局、建立高效的应急预案、保证充足的灾前储备等,自上而下地提高既有建筑"韧性";应当树立全员防护观念,自下而上有组织地发挥居民力量,建立和推广"自助""互助""公助(政府机构主导)"体系
学习能力	从灾害中学习,及时总结经验教训,完善整改措施,提高既有建筑整体防灾水平;向标杆建筑学习,吸纳先进理念和措施,提高管理水平;用新兴技术学习、探索和推广大数据应用,提高既有建筑"智慧化"程度

2.2　既有建筑再生韧性设计基础理论

2.2.1　人地关系理论

1. 人地关系理论的背景

随着社会的发展,人类的活动能力逐渐增强,对自然环境的影响越来越大,人与自然的关系逐渐发生变化。在人类社会取得巨大进步的同时,人对自然的过度攫取造成全球性的资源危机,人地系统出现严重失衡的现象。环境问题日益上升为生态安全问题,威胁着人类健康与生命安全,阻碍着社会经济发展。人地和谐发展成为时代发展的主题。1860 年乔治·珀金斯·马什出版了著作 *Man and Nature; Or, Physical Geography as Modified by Human Action*,对西方物质文明给自然环境造成的破坏提出警告,开创了近代西方人地关系研究的先河。1955 年召开的以"人类在改造地球表面的作用"为主题的马什纪念会,进一步引起了著名专家学者关于人类改造自然问题的深入讨论。人地关系研究主要经历了三个发展阶段,即地理环境决定论、人定胜天论、人地和谐论。

2. 人地关系的理论内涵

人地关系是自人类起源以来就客观存在的关系。人类的生存和活动,都要受到一定的地理环境的影响。人地关系是指人类为了生存的需要,不断地扩大、加深改造和利用地理环境,增强适应地理环境的能力,改变地理环境的面貌,同时地理环境影响人类活动,产生地域特征和地域差异,如图 2-1 所示。

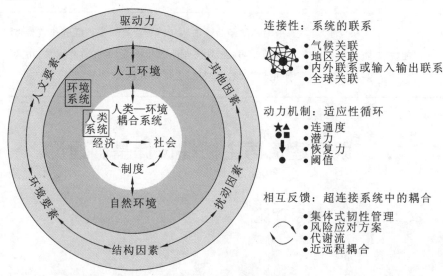

图 2-1　人地关系理论框架

3. 人地关系对既有建筑再生设计的指导作用

人类本身具有生产者和消费者的双重属性,作为生产者通过个体和社会化劳动向自然环境索取,既有建筑正是人类从环境中获取的能量和物质。既有建筑再生设计不仅能够提高人类从环境中获取能量的利用率,而且能够有效减少建筑垃圾的排放,降低环境污染的程度,优化能量传递与转换,有利于人地系统之间的整体调控,促进人地关系和谐。

2.2.2 适应性循环理论

1. 适应性循环理论的背景

适应性循环理论模型是加拿大生态学家霍林(Holling)于 2001 年出版的著作《扰沌:理解人类和自然系统中的转变》中提出的,其描述了社会—生态系统中干扰和重组之间的相互作用及其应对干扰和变化反馈的动力机制。适应性循环包括四个阶段,分别为快速生长阶段(γ)、稳定守恒阶段(κ)、释放阶段(Ω)和重组阶段(α),代表复杂生态系统的一个生命周期。

适应性循环包括三个属性变量,即韧性、连通性和潜力,在系统的一个循环周期内,始终贯穿着三者的变化。其中,韧性表征系统在受到干扰之后吸收干扰并维持自身结构和功能的能力,用来衡量系统的适应能力;连通性表征系统各组分及不同层级之间物质、能量、信息相互作用的数量和频率,反映系统的自组织能力;潜力则代表系统积累的财富,通常与系统的多样性有着密切的联系,在生态系统中,潜力的增加表示生物多样性的丰富、营养和生物量的积累。

适应性循环可以用于解释所有复杂系统矛盾的双重特性——稳定和变化。冈德森(Gunderson)和霍林经过研究,进一步提出了"扰沌模型"。扰沌模型为社会生态系统跨尺度交互、多时空变化提供了可视化三维模型。扰沌模型中每一个适应性循环又同时连接上下两个层次的系统循环。其中,高层次结构复杂的系统运行速度比较缓慢,趋于稳定;低层次结构简单的系统运行速度快,不断向复杂系统结构演替;而系统内部不同阶段的循环通过记忆或相互作用构成螺旋上升变化。

2. 适应性循环的理论内涵

韧性理论的理论研究经历了由工程韧性到生态韧性再到演进韧性的三次转变。适应性循环理论将社会—生态系统韧性（演进韧性）的演化过程分为利用、保存、释放和重组四个阶段，在受到不确定性干扰后，系统在交叉循环这四个阶段的过程中不断地变化和发展，形成一个完整的生命周期。

如图 2-2 所示，当系统处于利用阶段时，系统内部要素开始在彼此间建立联系，并且连通外部环境，以此获得韧性能力的增长。由于利用阶段中系统内部的关联性低，组成要素选择性较高，系统内部的可塑性强，因此在这一阶段中系统具有较高的韧性潜力，处于韧性持续增长阶段。当系统各要素间的联系增长到一定程度之后，系统进入保存阶段。在这一阶段中，系统要素之间形成稳定、复杂的高度联系，系统逐渐固化成型，系统对扰动的承受能力不断下降，韧性潜力不断降低。在释放阶段，由于外界威胁超过系统的承受能力，系统固有联系被逐步打破，获得新的韧性增长空间。在重组阶段，适应学习能力强的系统可以利用重组增强韧性，以此获得进一步的发展。适应学习能力弱的系统若无法将韧性提升至能够抵御外界威胁的程度，则会崩溃，脱离适应性循环。

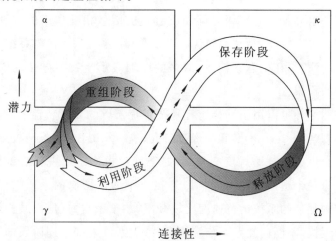

图 2-2　适应性循环理论

3. 适应性循环对既有建筑再生设计的指导作用

适应性循环理论强调主动应对外界干扰的思维方式,非常适合应用于风险治理较为被动的既有建筑再生设计领域。既有建筑再生利用的本质是当既有建筑的功能逐渐老化,韧性潜力不断下降,建筑无法满足社会发展需求时,对其进行重组,使其进入新的寿命周期,即适应性循环。可以说,对于复杂多变的既有建筑再生设计系统而言,适应性循环形象地描述了城市生态系统的变化过程,为既有建筑再生设计韧性研究提供了分析方法。

2.2.3 韧性城市理论

1. 理论的发展

"韧性"一词起源于拉丁语"resilio",其本意是"恢复到原始状态"。20 世纪 70 年代,加拿大生态学家霍林首次在生态学领域引用"韧性"一词来定义生态系统稳定状态的特征,此后韧性的思想逐渐向城市防灾减灾系统渗透;2002 年,国际地方政府环境行动理事会(ICLEI)正式提出"韧性城市"理念,其内涵得到广泛扩展,进而与城市规划结合。

2. 韧性城市的理论内涵

韧性城市是指城市面临任何冲击和压力时,都能恢复到原状态,保持本身关键功能和结构,并且在外部条件不断变化下适应、学习、吸收的能力。可以说,韧性城市的规划构建要符合人类长期的生存与发展需求,提高城市吸收外界冲击和扰动的能力,增强城市通过学习和组织恢复原状态或达到新平衡态的能力。韧性城市的基本组成可归结为城市生态韧性、城市社会韧性、城市经济韧性、城市制度韧性和城市基础设施韧性五个维度,如图 2-3 所示。韧性城市理念一方面拓展了可持续发展的外延,另一方面完善了城市在经济、社会、自然等维度的内涵。

3. 韧性城市对既有建筑再生设计的指导作用

韧性城市的作用过程通过引入韧性指数来量化,如图 2-4 所示。在受到外来扰动时,首先是防御阶段,由于城市系统具有一定的抵御能力和自我修复能力,可承受一定程度的扰动,因而不必马上作出调整;其次是恢复阶段,

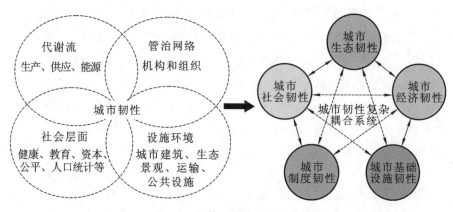

图 2-3　韧性城市的五个维度

随着外部扰动不断增大，城市系统需要进行自我调整，以适应新变化，从而恢复遭受扰动破坏的系统要素；最后是改进阶段，当扰动增大到超出城市系统承受能力时，为了避免系统崩溃，城市系统会持续改进再造新的系统，在新的外部条件下继续发展。

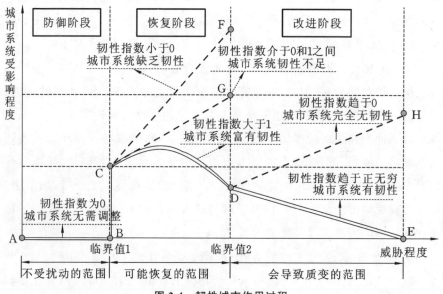

图 2-4　韧性城市作用过程

既有建筑再生韧性设计可视为韧性城市理论的微观应用。再生韧性设计使既有建筑具有一定的能力抵御外来的灾害和不利影响，具有抵御系统外部扰动时的恢复手段，并通过一定的技术和管理手段使得建筑生命得以延续。

2.3　既有建筑再生韧性设计意义

2.3.1　资源综合利用

城市的可持续发展和有限的土地资源使城市更新成为必然趋势，既有建筑的再生利用可将无法满足社会发展和使用需求的建筑进行资源整合，提高了现有建筑资源的利用率。

既有建筑再生韧性设计一方面减少了对土地资源的侵占，避免了原址彻底拆毁重建造成的资源消耗和浪费，大幅减少了建筑垃圾，减轻了环境压力（图 2-5）；另一方面，既有建筑再生韧性设计在施工和使用过程中更加注重绿色低碳，关注建筑功能的多样性、冗余性和循环性，提升建筑的使用效率，建筑能耗也随之降低。如图 2-6 所示，人防工程再生设计为地下展览馆，激发了既有建筑的文化潜力，提升了区域特色；如图 2-7 所示，对既有建筑进行绿化设计，有利于推动城市资源的综合利用，践行可持续发展。

（a）　　　　　　　　　　　　　　　（b）

图 2-5　既有建筑拆除

（a）建筑拆除；（b）建筑垃圾

图 2-6　人防工程再生设计　　　　图 2-7　既有建筑绿化设计

2.3.2　提高安全性

安全韧性指系统面对风险的冲击与扰动时,维持、恢复和优化系统安全状态的能力。将建筑及周边场地作为完整系统,考虑其自身安全韧性,通过对各类结构进行加固、修缮,保障再生功能利用时的结构可靠性和承载力,完善建筑的基础设施和安全系统,以及对建筑空间进行更为规范合理的布局,使其安全性得以保障,提升建筑使用过程中对风险和挑战的适应能力。

以历史街区为例,由于既有建筑存在结构老化、木料保存时间过长、使用人群密集和老龄化以及受损严重等问题,具有较大的安全隐患。近年来,随着街区整体更新工作的开展,院落在有序腾退、拆除私搭乱建后,进行全面的升级改造,对建筑结构进行加固修缮,对建筑风貌进行协调统一,使空间布局更加合理,各类基础设施、安全设施也得到完善。改造后的院落安全、宜居,街区居民过上了向往的生活,既守住了传统古朴的老院空间,又享受着现代化的便利生活,如图 2-8 所示。

　　　（a）　　　　　　　　　　（b）　　　　　　　　　　（c）

图 2-8　既有建筑安全性提高

（a）改善居住空间；（b）疏通街巷空间；（c）完善公共设施

2.3.3　促进区域发展

　　既有建筑的再生利用与周边区域的关系是密切的,建筑韧性再生提高了建筑的安全可靠性、改善了建筑风貌、提升了空间质量,以此带动了周边场地的环境治理,加速了区域空间的更新。建筑功能转变时,韧性设计关注建筑文化特征的保护与传承,将更加多样、灵活、适应性强的新功能置入建筑中,通过创新利用模式,带来了新的产业模式和机遇,在提高既有建筑项目自身经济效益的同时,通过吸引来的客流带动周边区域经济发展。如北京798艺术区、上海市田子坊、广州太古仓码头等,在构建区域文化特征的同时提升了当地的品质和价值,促进周边区域经济发展,如图2-9所示。

(a)　　　　　　　　　　(b)　　　　　　　　　　(c)

图 2-9　既有工业建筑带动区域经济发展

(a)北京798艺术区;(b)上海田子坊;(c)广州太古仓码头

2.3.4　提升城市内涵

　　既有建筑再生韧性设计延长了建筑的使用年限,保护了建筑中的文化要素,创新性地表达了建筑的文化内涵,对文化保护和传承发挥了有利作用。

　　既有建筑是文化的重要载体,在空间尺度、建筑风格、材料色彩、构造技术等方面是城市历史发展、城市空间结构演变和城市风貌景观延续的见证。对既有建筑进行韧性再生设计不仅保持了物质环境的历史延续性,同时也保留了当地特定的生活方式,通过新生要素与既有要素的共生来实现历史文脉和人本文化脉络的修复与延续,继续传承建筑独有的人文情怀,以建筑自身的文化吸引力和凝聚力,增强社会韧性。

始建于 20 世纪 60 年代的阳朔糖厂位于广西桂林阳朔,历经二十年的风雨飘摇,逐渐没落,于 1998 年正式关停。近六十载的人事更迭,阳朔糖厂几经辗转,修旧如旧,被赋予了新的功能,摇身一变成为了阿丽拉阳朔糖舍,如图 2-10 所示。斑驳的墙砖、布满铁锈的楼梯和醒目的标语,无不诉说着老糖厂的历史。

(a) (b)

图 2-10 既有建筑再生提升城市内涵

(a)阳朔糖厂;(b)阿丽拉阳朔糖舍

2.3.5 经济效益显著

根据数据统计,既有建筑再生与拆除重建相比节约了拆除费用;在保留大部分既有建筑主体结构的情况下,节约了土建费用;由于施工周期短,节约了时间成本,降低了通货膨胀的风险和人力成本等。因而,既有建筑再生的成本比新建同样规模的建筑可节约 25%～50% 的费用。如果对建筑的上部结构、地下室和基础均进行再利用,可节约 65% 的建设费用,经济效益是非常可观的。

2.4 既有建筑再生韧性设计策略

既有建筑再生韧性设计强调以既有建筑系统为导向,通过对规划技术、建设标准等物质层面和社会管治、民众参与等社会层面相结合的系统构建过程,解决既有建筑存在的空间衰败、活力低、使用舒适度差、公共安全风险较高、空间灾害抵抗力弱等问题,全面增强既有建筑的长期适应性,提升居民生活幸福感和安全感。

　　针对既有建筑再生设计的主要风险,本书依托韧性的前瞻性、灵活性、创新性、协作性、自组织能力和自学习能力等特征,优化组织、拓展弹性,提出韧性规划目标,使得既有建筑具有较强的适应不确定性的能力,全面增强既有建筑的适应性,以适当的手段吸收和缓冲扰动事件的影响,最终达到系统整体的正常运行状态。

2.4.1　全空间尺度的保障

　　全空间尺度的保障指对既有建筑进行全面统筹和总体的设计、管理和监控。具体包括:保障充足的空间资源,构建开放的空间网络系统,合理布局避难场所和应急道路系统,提高综合交通系统的灵活性;加强既有建筑防灾能力设计,动态掌控基础设施抗灾能力;研究不同灾害影响范围的建筑物韧性标准,主动加固和翻新存在潜在风险的建筑;加强排查和更新老化设施,定期维修检查;关注老年人的需求,如增加坡道、电梯等;完善消防、医疗卫生和物资支持等系统设置。

2.4.2　多渠道资金的投入

　　既有建筑建设、维护、更新及重建的保障是经济,在吸收社会组织和市场力量的时候应当改变以往单一的拨款救灾方式,采用多元化模式,以政府为主体,充分发挥社会各界力量,通过基金准备、项目扶持、项目竞赛等方式提高受灾地区重建的可能性。

　　以多渠道加大资金投入为保障,支撑既有建筑再生设计。具体包括:以地方政府为主体,探索其他组织筹款协作机制;分期保障,先行推动实现短期目标,保障项目可持续性;探索建设韧性城市外部收益内部化的合理评估方法,这部分资金优先用于后续韧性城市措施落实。

2.4.3　主观能动力的激发

　　社会群体的韧性作用是实现既有建筑再生韧性自组织性、提升城市学习能力的关键,鼓励采用公众平台、可视化教育等手段,关注老龄人群的应变能力,全面提升既有建筑再生效果。

建设公众防灾自助、互助、公助平台,平台模块可包括灾害防护宣传、周边防灾设施布置、告知灾害逃生路径及注意事项等,充分激发群众主观能动性,提高公众自救和互助能力。

2.4.4 制度和机制的强化

制度和机制建设是推进既有建筑再生韧性设计发展的重要保障,应当坚持问题导向和需求导向,吸纳政府、企业、高校及专家等多方力量,做好顶层设计,增强多层面的安全韧性。建立区域性城市风险联防体系,定期向社会公开既有建筑抗灾能力数据和韧性评估成果。

2.4.5 因地制宜的建设标准

既有建筑层级多元、形态各异、需求多样,难以制定统一的标准推行韧性再生设计的建设。建议根据实际情况探索不同区域、不同类型的韧性再生设计建设标准与路径。鼓励专业技术人员将新兴科技应用到既有建筑再生设计风险的识别和评估、模型构建、措施策略中。

3

既有建筑再生结构韧性分析

建筑结构的防灾减灾一直是既有建筑及工程力学学科中最具挑战性的研究领域之一。结构韧性的提升对于提高我国防灾减灾水平具有重要的作用,本章主要对既有建筑再生设计过程中的结构韧性进行分析。

3.1 结构韧性的认知框架构成

3.1.1 结构韧性的定义

建筑结构在使用期间可能会遭受多种因素的影响,从而导致结构发生损伤。例如,1976 年 7 月 28 日,河北省唐山市发生 7.8 级地震,造成唐山市及邻近各县各类房屋破坏率高达 70%,如图 3-1(a)所示;2008 年 5 月 12 日,四川省汶川县发生的 8.0 级地震,造成近 2000 万人失去住所,如图 3-1(b)所示;2017 年 8 月 8 日,四川省九寨沟县发生 7.0 级地震,造成 7 万多所房屋受到不同程度的损伤。2016 年在厦门登陆的百年不遇的台风"莫兰蒂"、2017 年打破珠海瞬时大风风速纪录的台风"天鸽"以及 2018 年袭击广东的台风"山竹"等,这些强度均超过 14 级的强台风对建筑的门窗、幕墙、屋面等结构造成了严重的破坏,如图 3-1(c)、(d)所示。除此之外,洪水、火灾、泥石流等灾害也会对建筑结构造成不同程度的破坏。

本书将结构韧性定义为:既有建筑在受到自然灾害、人为灾害等因素的影响下,维持和恢复原有建筑结构功能的能力。原有建筑结构功能按照国内外已有研究可分为建筑基本功能和建筑综合功能。前者为受到灾害影响后,原有建筑结构依然能够满足建筑正常使用要求,维持其功能正常运行的能力;后者为建筑能够正常使用,且建筑内外部设备可正常运行的能力。

结构韧性的核心思想在于不仅要满足既有建筑再生设计的改造策略(在原有建筑未完全拆除的前提下,全部或部分利用原有建筑物的实体结构),同时要求结构在受灾时能保护生命,在受灾害影响后能够保证功能不中断或尽快恢复,减少对正常使用的影响。

(a)　　　　　　　　　　　　　　　(b)

(c)　　　　　　　　　　　　　　　(d)

图 3-1　建筑结构遭遇灾害发生损伤

(a) 唐山大地震损毁的房屋;(b) 汶川大地震损毁的校舍

(c)台风摧毁的屋面;(d)台风破坏的路面与景观

3.1.2　结构韧性的意义与特征

1. 意义

事实证明,很多既有建筑受到灾害后,不但没有起到安全防灾的作用,反而加剧了损失,导致了人员伤亡。因此,对既有建筑的结构进行韧性再生设计有着深远的现实意义。

近年来,国内外学者都在强调提高既有建筑的结构韧性,使其在受到灾害影响后,能尽可能地降低灾害的破坏性,并能使结构受损程度很小且可控,稍作修复即可恢复原始功能,甚至达到结构零破坏且无残余变形的理想状态。既有建筑结构韧性再生设计可在原建筑结构的基础上进行加固改造,使其不做大的改动就能够满足上述要求,并且保障人民生命和财产的安全。

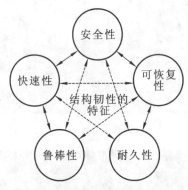

图 3-2　既有建筑再生设计结构韧性的特征关系图

2. 特征

既有建筑结构韧性再生设计的特征可从以下五个方面进行分析,如图 3-2 所示。

1) 安全性

安全性是指既有建筑再生设计后的结构在各种外力作用下仍能保持完整、耐久性好的能力。安全性对于既有建筑改造来说是最基本的要求,也是再生过程中的一项重要质量指标。既有建筑再生后安全性能的提升,不仅能提高建筑结构的承载力,而且为人民、财产等提供了安全保障。与新建建筑不同,对既有建筑结构进行韧性再生设计,不仅要考虑原有建筑的结构构造,同时要考虑已有建筑结构质量问题,通过合理的改造,保证原有建筑结构能够承受不同的作用压力而不受损伤,且具备牢固性和耐久性。

2) 可恢复性

可恢复性是指既有建筑再生后的结构在遇到自然灾害、人为灾害等因素的外力作用影响下,稍作修复或无须修复就能够快速恢复的能力。可恢复性指标关注强度剩余、功能完整性和灾后所需恢复时间,同时要求结构具有更大的变形能力、更小的残余变形能力,且能够保证结构损伤可控。可恢复性的典型代表为可恢复功能结构,包括摇摆墙、摇摆框架、自复位或可更换构件等。

3) 耐久性

耐久性是指既有建筑再生设计后的结构在灾害因素作用下,在设计要求的目标使用期内,结构性虽能随时间退化,但不需要进行额外的加固,仍满足正常使用并能保持适用性和安全性的能力。进行再生设计时,需要对既有建筑结构的使用寿命进行分析,合理地对原有结构进行加固改造,满足既有建筑的使用功能要求。

4)鲁棒性

鲁棒性这一概念来自统计学,在20世纪70年代初被应用于系统控制理论中,表示控制系统在一定的参数影响下,维持其他性能的特性。鲁棒性这一概念被应用于多个学科中,也因此拥有多种含义。

有关结构鲁棒性问题的研究最早开始于1968年伦敦某公寓大楼一角因煤气爆炸而导致的连续倒塌事故。此后在建筑结构领域,专家学者们常用整体稳定性、冗余性、强韧性、灵活应变能力等词来表述"鲁棒性",也有从脆弱性、易损性等反义词来理解其含义的。综合国内外研究,鲁棒性在结构韧性中可表示为:在灾害事件突发的情况下,结构体系发生局部破坏或整体破坏后仍然能保证稳定性,不发生与初始损伤不成比例的破坏的能力("不成比例的破坏"是指灾害事件造成的对整体结构的破坏远超过引起整体破坏的初始局部损伤所造成的后果,即少数结构受损却引起整体结构严重受损甚至坍塌,类似多米诺骨牌效应)。

5)快速性

快速性是指既有建筑再生设计后的结构在灾害因素作用下受到扰动时,能够在最短的时间内恢复正常使用功能的能力。具有韧性的建筑,可以明显缩短受灾后从安全功能恢复到基本功能恢复再到综合功能恢复的时间,有效地减少损失。

3.1.3 结构韧性的内容与范畴

既有建筑结构韧性再生设计主要是对混凝土结构、钢结构、砌体结构及木结构这几种常见建筑结构的影响机制及病害进行分析,说明各种结构所受病害的情况。既有建筑结构韧性再生可分为结构本体再生(见表3-1)与结构外部加固改造(见图3-3)两种方式。

表 3-1　结构本体再生设计形式

结构形式	定义
摇摆结构	摇摆结构一般通过放松结构构件间及结构与基础间的约束,使得结构能与基础发生脱离并从底端抬起,进而产生摇摆振动以达到减小结构动力响应的目的
自复位结构	放松约束的结构在地震作用下首先发生一定的弯曲变形,超过一定限值后发生摇摆,通过预应力使结构回复到原有位置,这样的结构称为自复位结构
可更换结构	可更换结构是指将结构损伤集中于可更换构件,如连梁、剪力墙墙脚等,从而使主体结构无损伤或低损伤
耗能结构	耗能结构减震技术是在结构某些部位(如支撑、剪力墙、节点、连接缝或连接件、楼层空间、相邻建筑间、主附结构间等)设置耗能装置,通过耗能装置产生摩擦,弹塑性滞回变形耗能来耗散或吸收地震输入结构中的能量,以减小主体结构地震反应,从而避免结构发生破坏或倒塌

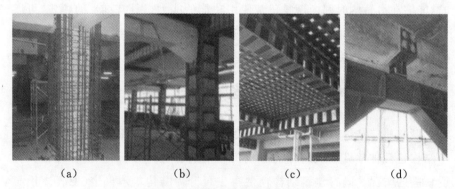

　（a）　　　　　　（b）　　　　　　（c）　　　　　　（d）

图 3-3　结构外部加固改造形式

(a)增大截面加固;(b)粘钢加固;(c)纤维复合材料加固;(d)增设支点加固

3.2 结构韧性系统的影响机制

建筑物、构筑物等在设计、施工及使用过程中,无时无刻不存在有形或无形的损伤、缺陷等安全隐患。一方面,如果维护不及时或维护不当,其安全可靠性就会严重降低,使用寿命也会大幅度缩短,如使用中正常老化,耐久性就会逐渐失效,可靠性就会逐渐降低;另一方面,自然灾害或人为灾害的突发、地基的不均匀沉降和结构的温度变形等,在设计、施工时都是难以预计的不确定因素。灾害的产生是致灾体和承灾体相互作用的结果,当承灾体的一方抗灾能力过小时,灾害就易发生。灾害系统的模型结构如图 3-4 所示。下面从自然因素、人为因素、市场因素和其他因素四方面分析结构韧性系统的影响机制。

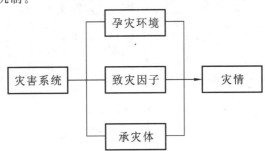

图 3-4　灾害系统的模型结构

3.2.1　自然因素

1.地震

地震对于既有建筑具有极大的破坏力。地壳内部的作用力会作用到更多的地面建筑,各类地震灾害都有显著的特点,对一些框架结构薄弱的地面建筑会造成毁灭性打击,如图 3-5 所示。例如,2008 年四川省汶川县发生的 8 级地震对四川省很多地区的地面建筑都造成巨大破坏,对当

图 3-5　地震灾害特点

地的各类活动产生断层式的影响;2011年日本发生的9级大地震,引发了海啸,同时导致了核泄漏,对日本的经济和建筑造成严重影响和破坏。

2. 泥石流

泥石流是现代既有建筑面临的又一大问题。泥石流属于地质次生灾害,往往伴随着地震、暴雨、山体滑坡、山体塌方等自然灾害一起发生。泥石流具有突发性、流速快、流量大、物质容量大和破坏力强等特点。比如2010年甘肃省舟曲县特大泥石流造成县城由北向南长5 km、宽500 m的区域被夷为平地,受灾区域总体积达750万立方米,受灾人数约2万人,造成电力、交通、通信等中断,一些房屋倒塌,如图3-6所示。

(a)   (b)

图3-6 甘肃省舟曲县特大泥石流

(a)俯瞰图;(b)受灾现场图

3. 火灾

火灾中,随着建筑材料及构件的燃烧和破坏,整个建筑结构必然会受到一定的影响。由于建筑构件自身燃烧性能和耐火极限的差异,建筑会发生局部的破坏或整体的倒塌。预应力钢筋混凝土结构遇热会失去预加应力,从而降低结构的承载能力,如2018年5月1日巴西圣保罗市一座26层的大厦发生火灾后倒塌,如图3-7(a)所示;钢结构受热后很快就出现塑性变形,随着局部的破坏,整体也会失去稳定而破坏,如2016年10月19日四川省宜宾市某生产硫酸锌的化工厂突发大火,过火面积较大,钢结构建筑完全坍塌,如图3-7(b)所示;木结构遇热后表面会被烧蚀,削弱了荷重的断面,木材起火燃烧,表面炭化,造成倒塌,如2020年2月11日日本东京某一木质建筑起火,并延烧了多栋建筑;砖石砌体受热会产生变形开裂,从而导致结构垮塌,如2019年4月15日法国著名建筑物巴黎圣母院发生火灾事故,大火迅速将圣母院塔楼的尖顶吞噬,火灾持续了 14 个小时,有着几百年历史的中轴塔在火中坍塌,火灾后留下的残垣断壁令人唏嘘,如图 3-7(c)所示。

（a） （b） （c）

图 3-7　建筑结构遭受火灾现场

(a)巴西某大厦预应力混凝土结构；(b)四川某生产硫酸锌的化工厂钢结构；

(c)巴黎圣母院砌体结构

4. 台风

台风造成的灾害以狂风、暴雨和风暴潮最为显著,海水有时会因此倒灌至内陆。台风对沿海的房屋建筑、桥梁等会造成十分巨大的影响,甚至能够掀起屋顶、刮倒房屋等。我们虽然可以提前观测到台风的移动路径,但是却无法改变台风对于建筑的破坏。在被台风破坏的区域,国家和政府要投入大量的资金和人力物力进行重建工作。比如 2009 年台风"莫拉克"重创华南、华东地区,一共造成福建、浙江、江西、安徽和江苏五省 1351.6 万人受灾,造成的房屋倒塌有 1.4 万间,造成的直接经济损失有 114.5 亿元;又如 2016 年台风"莫兰蒂"使整个厦门大面积停电停水,1.7 万间房屋倒塌,厦门海峡明珠广场和某写字楼外部结构受损严重,如图 3-8 所示。

 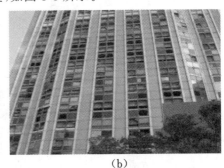

（a） （b）

图 3-8　台风造成建筑结构损伤

(a)海峡明珠广场钢结构外部受损；(b)写字楼外部结构受损

3.2.2 人为因素

人为因素是导致建（构）筑物"先天不足（缺陷）、后天失调（损坏）"的主要原因，如图 3-9 所示。

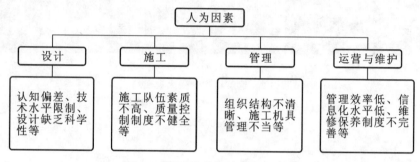

图 3-9 影响结构韧性的人为因素

1. 设计方面

设计一方面受到政策导向、认知能力、技术水平等限制，另一方面由于设计人员经验不足，使得结构留下缺陷和隐患。例如，有些企业片面强调节约原材料，降低成本，不少建筑结构被抽筋扒皮，由此造成结构质量下降，寿命缩短。再如，少数设计人员在设计中由于缺乏经验，如在荷载计算方面少算漏算，导致后续的配筋不足、构造措施不合理等问题，在建筑结构中留下隐患，也就是我们所说的"先天不足"。

还有部分建筑物存在的安全隐患是由于原设计标准偏低。随着规范和标准的不断完善，尤其是抗震设防等级的提高，相当多的既有建（构）筑物不能满足现行抗震规范的要求，须对其进行抗震鉴定和抗震加固。

2. 施工方面

我国工程项目的施工管理水平和施工人员的素质参差不齐，质量控制与质量保证制度不够健全，又受到各个历史时期经济形式和政治因素的影响，施工质量差异性较大，部分既有建筑结构存在的隐患较为严重。

3. 管理方面

使用不当和管理不善是建（构）筑物"后天失调"（造成损坏）的根本

原因。使用不当是多方面的,诸如在承重墙(包括剪力墙)开设尺寸较大的洞口;又如工业厂房长期处于超负荷的工作状态,缩短了建(构)筑物的寿命。

管理不善主要表现在建(构)筑物年久失修。在建(构)筑物正常使用年限中,应每隔5～10年进行检查维修。

4.运营与维护方面

由于受到各种自然因素或人为因素的影响,既有建筑在使用过程中会发生一定程度的损伤和破坏(比如墙面老化脱落、屋面开裂和渗漏等)。运营与维护是指对建筑及配套的设施设备和相关场地的环境卫生、安全保卫、公共绿化、道路交通等进行维修、养护、管理,以发挥出项目最大的社会效益、环境效益和经济效益。目前很多既有建筑在运营与维护过程中存在管理效率较低,信息化水平较低,重复性工作造成人力、物力和财力大量浪费等弊端。

3.2.3　市场因素

随着社会发展,一些既有建筑需要改变使用功能,如办公楼改造成宾馆,大型仓库改造成商业综合体或大型超市,工业厂房更新等,这些使用功能的改变往往使楼面活荷载增大或设备增重,从而导致既有建筑的结构可靠度降低。

3.2.4　其他因素

其他因素包括偶然因素和特殊因素。偶然因素是指建(构)筑物遭受偶然作用袭击导致结构损坏。偶然作用的特点是在设计基准期内不一定出现,而一旦出现其量值很大且危害持续时间较长,例如爆炸、撞击和突发事故等。2011年9月11日,美国纽约世界贸易中心发生恐怖袭击事件,1号楼、2号楼在遭到攻击后相继倒塌,五角大楼局部结构损坏并坍塌,而且引发严重火灾,遇难者人数高达2996人,现场清理出超过180万吨的建筑废墟,如图3-10(a)所示。还有一些不能预见、无法避免的社会现象,客观上具有人力所不可抗拒的强制力,主观上具有不可预见性以及社会危害性。2020 年全球突发新冠疫情,一些地区将会展中心或体育馆等大型场所快速改造成方舱医院,如图 3-10(b)所示。

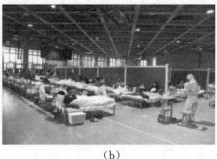

(a)　　　　　　　　　　　　　　　(b)

图 3-10　偶然因素

(a) 美国世贸大厦坍塌;(b) 体育场馆改成方舱医院

特殊因素是指除了以上诸多原因,应对原建筑物进行结构检测、加固或改造的种种特殊情况。例如,为满足 2008 年北京奥运会、2010 年上海世博会的特殊需要,对某些建筑物进行鉴定、加固、改造和装饰。如果对原建筑物的检测、鉴定、加固、改造不当引发新的缺陷和破坏,这时必须重新采取安全措施,即进行所谓的再生设计。

3.3　结构韧性现状问题分析

3.3.1　宏观视角

经过大自然长时间的风吹雨打、雪冻和暴晒,结构中的一些材料会逐渐丧失原有的质量、性能和功效,即人们常说的风化和老化;恶劣的使用环境也会引起结构缺陷和损坏。在长期的劣化环境中,外部介质在侵蚀结构的材料,结构的功能将逐渐被削弱,甚至丧失。环境因素对结构的侵蚀作用一般可分为四类,如表 3-2 所示。

表 3-2　环境因素对结构的侵蚀作用

环境因素	作用机理
物理作用	如高温、高湿、温湿交替变化、冻融、粉尘及辐射等因素对结构材料的劣化。在这些物理因素长期反复的作用下,既有建筑材料发生膨胀、收缩等现象,导致内部结构受损,影响功能
化学作用	如含酸、碱或盐等化学介质的气体或液体,一些有害的有机材料、烟气等侵入既有建筑材料的内部,会产生化学作用,导致材料组成成分发生不利变化
生物作用	如一些微生物、真菌、水藻、蠕虫和多细胞作物等对材料的破坏,导致既有建筑材料发生腐朽、虫蛀等现象,影响结构的稳定性及安全性
机械作用	建筑物内部荷载的持续作用,对结构产生冲击,使得结构发生磨损

3.3.2　微观视角

1. 混凝土结构

混凝土结构是钢筋混凝土结构、预应力混凝土结构和素混凝土结构的总称,也是目前我国应用最为广泛的一种结构形式。混凝土是结构工程中广泛应用的一种工程材料,它具有较高的抗压强度,但它的抗拉强度较低,因而在混凝土结构的抗拉区通常都要配置抗拉强度较高的钢筋。混凝土的风化和侵蚀,钢筋的锈蚀都会不同程度地导致混凝土结构的损坏。

1) 钢筋锈蚀

混凝土保护层具有防止钢筋锈蚀的作用。为了保证混凝土结构的耐久性,保护受力钢筋,相关规范规定了混凝土保护层最小厚度。混凝土中水泥水化物的碱性很高,pH 值为 12～13。在这种高碱性的环境中,钢筋表面会形成一层致密的氧化膜后处于钝化状态,从而防止锈蚀。但是,通常钢筋混凝土结构是带裂缝工作的,即使处在正常使用阶段,在受拉区的混凝土仍会出现裂缝,但裂缝的宽度受到限制。混凝土结构规范的耐久性专题研究组经过大量调查发现，只有在潮湿的环境中，在水和氧气侵入的条件下，钢筋才会锈蚀，如图3-11所示。钢筋首先形成氢氧化铁，随着时间的推移，一部分氢氧化铁进一步氧化，生成疏松、易剥落的沉积物——铁锈。铁锈的体积膨胀(一般增加2～4倍)可把混凝土保护层胀开，从而使钢筋外露。

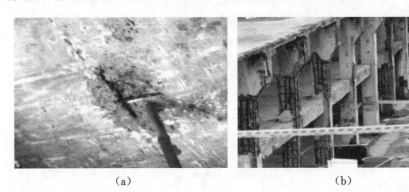

(a)　　　　　　　　　　　　(b)

图3-11　钢筋锈蚀

(a)屋面板钢筋锈蚀；(b)柱钢筋锈蚀

钢筋锈蚀速度与环境条件有很大的关系。有的研究认为，相对湿度低于40％时，钢筋就不会锈蚀；相比于室内，室外构件经常受到雨水的冲淋，所以室外钢筋的锈蚀速度比较快。

2) 混凝土的碳化

混凝土的碳化是大气中的二氧化碳对混凝土作用的结果。在工业区，其他酸性气体(如二氧化硫、硫化氢等)也会引起混凝土"碳化"(准确地说是中性化)，如图3-12所示。严格地讲，碳化反应不限于水泥水化物中的氢氧化钙，在其他水泥水化物或未水化物中也会发生其他类型的碳化反应，但是氢氧化钙的碳化影响最大。由于混凝土碳化，混凝土的凝胶孔隙和部分毛细管可能被碳化产物碳酸钙等堵塞，混凝土的密实性和强度会因此有所提高。但是，由于碳化降低了混凝土孔隙液体的pH值(碳化后pH值为8～10)，当碳化逐步深入达到钢筋表面时，钢筋就会因表面的钝化膜遭到破坏而产生锈蚀。

3) 混凝土受氯离子侵蚀

当混凝土中含有氯离子时，即便混凝土的碱度比较高，钢筋周围的混凝

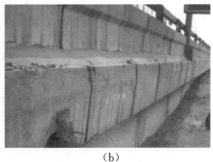

（a）　　　　　　　　　　　　　　（b）

图 3-12　混凝土碳化

（a）屋面混凝土碳化；（b）桥面混凝土碳化

土尚未碳化,钢筋也会发生锈蚀。这是因为氯离子的半径小,活性大,具有很强的穿透氧化膜的能力,氯离子吸附在膜结构有缺陷的地方,如位错区或晶界区等,使难溶的氢氧化铁转变成易溶的氧化铁,致使钢筋表面的钝化膜发生局部破坏。钝化膜破坏后,露出的金属便是活化-钝化原电池的阳极。由于活化区小,钝化区大,构成一个大阴极、小阳极的活化-钝化电池,钢筋就会产生所谓的侵蚀现象,如图 3-13 所示。

图 3-13　混凝土受氯离子侵蚀

4）混凝土裂缝

混凝土产生裂缝的原因可归结为温度和湿度变化、外荷载产生的变形过大和施工方法不当等,但根本原因是混凝土中的拉应力超过了混凝土的抗压强度,具体原因类型如表 3-3 所示。

表 3-3　混凝土裂缝类型

序号	原因	特点和存在位置
1	水泥干缩	水泥是水硬性材料,具有干缩性。在硬化初期因养护不当造成水分不足,则可能产生裂缝,此类裂缝多出现在混凝土表面,较为细小
2	温度变化	热胀冷缩效应引起的裂缝,一般出现在温差变化较大的环境中的建筑物上,或未在适当部位留设伸缩缝的构件或结构上
3	应力集中	由于板面负弯矩钢筋配筋不足或钢筋粗而间距过大造成的裂缝,一般出现在混凝土板的阴阳转角处或支座处
4	使用不当	变形过大引起的裂缝,通常出现在混凝土受弯构件的受拉区
5	张拉力	预应力钢筋混凝土构件张拉后的张放过程控制不好,可能造成裂缝,此类裂缝一般出现在预应力构件的端部或板的上表面角部
6	不均匀沉降	地基的不均匀沉降导致裂缝产生,此类裂缝一般出现在基础或圈梁、大梁及其他构件拉力过大处
7	施工不当	在混凝土初凝阶段因模板振动、变形或移位,结构产生裂缝
8	加荷过早	施工时因拆模过早,混凝土强度未能达到设计要求而提前加荷,使构件过载而出现裂缝
9	施工缝	施工缝处理不当,则施工缝部位可能出现裂缝
10	其他	混凝土预制构件在脱模、运输、堆放、起吊过程中因各种原因使构件受压区处于受拉状态,都可能使构件出现裂缝

5）混凝土的冻融破坏

混凝土的冻融破坏是指在水饱和或潮湿状态下,由于温度正负变化,建筑物已硬化混凝土内部孔隙水结冻膨胀,融解松弛,产生疲劳应力,造成混凝土由表及里逐渐剥蚀的破坏现象,如图 3-14 所示。一般认为,混凝土在大气中遭受冻融破坏主要是因为在某一冻结温度下存在结冰水和过冷的水。

　　6）混凝土发生碱骨料反应

　　碱骨料反应一般是指水泥中的碱和骨料中的活性氧化硅发生反应，生成碱—硅酸盐凝胶并吸水产生膨胀压力，致使混凝土出现开裂现象，如图3-15所示。碱—硅酸盐凝胶吸水膨胀的体积增大3～4倍，膨胀压力为2.0～4.0 MPa。碱骨料反应通常进行得很慢，所以由碱骨料反应引起的破坏往往经过若干年后才会被发现。其破坏特征为：表面混凝土产生杂乱无章的网状裂缝，或者在骨料颗粒周围出现反应环；在破坏的试样里可以鉴定出碱—硅酸盐凝胶的存在，在裂缝或孔隙中可发现碱—硅酸盐凝胶失水后硬化而成的白色粉末。

 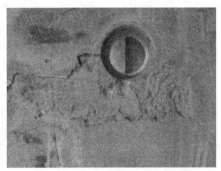

图3-14　混凝土发生冻融破坏　　　　　图3-15　混凝土发生碱骨料反应

　　为防止混凝土发生碱骨料反应，可采取的措施：①控制水泥中的碱含量，采用低碱水泥；②采用火山灰水泥或粉煤灰水泥，可以降低孔隙液的pH值；③采用低水灰比混凝土，提高混凝土的密实度，防止水渗入。此外，掺加引气剂也会减小碱骨料反应膨胀，这是因为反应产物能嵌进分散的孔隙中，降低膨胀压力。

　　2.钢结构

　　钢结构是由型钢和钢板等制成的钢梁、钢柱、钢桁架等构件组成，各构件或部件之间采用焊缝、螺栓或铆钉连接的结构。其特点是强度高、自重轻、整体刚性好、变形能力强、建筑工期短、工业化程度高，可以进行专业化生产，故适用于建造大跨度和超高、超重型的建筑物。可从以下几方面了解钢结构的问题。

1) 钢结构的缺陷

常见的钢结构的缺陷类型有制造缺陷、安装缺陷和使用缺陷。①制造缺陷：在制造中产生的缺陷主要有几何尺寸偏差、结构焊接和铆接质量低劣、底漆和涂料质量不好等。②安装缺陷：主要有结构位置偏差、运输和安装时由于机械作用而引起构件的扭曲和局部变形、连接节点处构件的装配不精确、安装连接质量差、漏装或少装某些扣件或缀板、焊缝尺寸偏差等。③使用缺陷：在使用过程中，由于材料腐蚀导致钢材横截面面积减小，钢内部结构强度发生变化。

2) 钢结构的破坏

常见的钢结构的破坏类型有整体性破坏（裂缝、断裂、构件切口）、几何形状变形弯曲和局部扭曲、连接破损（焊缝、螺栓和铆钉产生裂缝、松动与破坏）、结构变形（挠度过大、偏斜等）、腐蚀破损和疲劳破坏。

3) 钢结构的破坏原因

钢结构的破坏原因包括力作用、温度作用和化学作用，如表 3-4 所示。

表 3-4　钢结构的破坏原因、现象及过程

原因	损坏现象	过程
力作用	断裂、裂缝、失稳、弯曲和局部挠曲、连接破坏等	① 设计状况与结构实际的工作状况不符，如确定荷载和内力不正确而导致选择的构件和节点断面错误； ② 结构构件、节点的实际作用与计算简图过于简化或理论化而造成的应力状态差异； ③ 母材和熔融金属中有导致应力集中并加速疲劳破坏的缺陷和隐患； ④ 安装和使用过程中没有考虑附加荷载和动力作用，如过大的超载、檩条变位、吊车轨道接头偏心和落差过大等，修理时没有进行相应的计算和必要的加固，特别是过大的变形变位将引起较大的内力变化

原因	损坏现象	过程
温度作用	高温条件下构件的翘曲和破坏、低温条件下构件的脆性破坏、受热时防护涂层的破坏	① 温度达 200～250 ℃时,钢结构由于受热膨胀而导致表面油漆涂层破坏;当温度升至 300～400 ℃时,钢结构由于受热将继续膨胀,但受到约束作用在钢结构中产生热应力,而应力分布不均匀,造成结构构件扭曲;温度超过 400 ℃时,钢材内部晶格发生变化使钢材强度急剧下降; ② 在热车间,温度变化会使结构产生相当大的位移,使之与设计位置产生偏差,当有阻碍自由变位的支撑或其他约束时,结构构件将产生周期性附加应力,在一定条件下将导致构件扭曲或开裂
	低温条件下的冷脆裂缝	特别是有严重应力集中的结构构件,负温可导致其冷脆裂缝
化学作用	涂层剥落、钢材锈蚀等	钢材防腐涂层剥落后,由于化学和电化学作用,钢材受到腐蚀,钢结构有效截面受到损坏,结构的耐久性下降。工业厂房中的钢结构受到的腐蚀以大气腐蚀(电化学腐蚀)为主,当有侵蚀性介质时,还会出现综合腐蚀;屋顶漏水、管道漏气、排水系统出现故障的区域,往往是由于局部遭到腐蚀,构件截面被削弱而遭到破坏。尤其要注意的是,深层钢结构构件的腐蚀会加速钢材应力集中,并发生冷脆破坏

4)钢结构的缺陷和破坏对结构构件的影响

钢结构的缺陷和破坏对不同结构构件的影响不同,下面就钢结构厂房中几个常用的重要构件进行分析。

屋架结构是工业厂房中最易受损坏和破坏的构件之一,主要表现为压杆失稳和节点板出现裂缝或破坏。制造和安装的缺陷往往使屋架的可靠性和耐久性降低。屋架杆件初弯曲、焊接缺陷(焊缝不足、咬边、焊口不良等)、节点偏心、檩条错位等都会产生附加应力,使节点板工作条件恶化,形成过大的集中应力,造成板件裂缝或脆断。因此,良好的制造和安装质量是保证屋架安全性和耐久性的重要条件之一。

工业厂房的柱子与其他构件相比处于较有利的工作条件。柱子一般按多种荷载的总作用计算,特别是有吊车时,柱子的计算内力较大,其选择的截面也较大,故正常使用条件下柱子的内力小于计算值。因为多种荷载同时作用的概率是很小的,柱子具备工作应力不大、截面有较大的安全储备、较好的力学性能和较高的防腐性能条件。因此在静力和动力荷载作用下,柱子发生静力或疲劳破坏的概率较小。经过调查,柱子的典型破坏表现在以下几个方面。

① 有重级工作制吊车的厂房,在柱子与吊车梁和制动梁的连接处,若采用刚性连接,在循环应力作用下极易形成疲劳裂缝,造成疲劳破坏。

② 工作人员在生产中违反操作规程,导致货物、磁盘及吊车撞击柱子,使柱肢受扭曲和发生局部损伤,特别是柔性覆盖的双肢柱更易受损坏。此外,还有在管线安装中对柱子造成损坏等。

③ 柱子在施工安装过程中的偏差,虽不会降低结构承载力,但可造成围护构件的损坏和相邻连接节点的损坏,如吊车偏离轨道会导致厂房难以正常使用。

④ 由于地基原因,沿厂房长度或宽度的不均匀沉降不仅会给结构带来附加内力,也会造成厂房难以正常使用。

⑤ 由于长期潮湿或腐蚀介质作用,柱基和连接处遭受腐蚀损坏。

吊车梁结构包括吊车梁、制动梁或制动桁架,以及它们与柱子间的连接节点。吊车梁结构工作条件复杂,根据使用经验和现场调查资料来看,重级工作制吊车梁结构工作 3～4 年后即出现损坏,主要表现为:吊车梁和制动梁与柱子连接节点受到损坏;吊车梁上翼缘焊缝以及附近腹板出现疲劳裂纹;铆接吊车梁上翼缘铆钉产生松动和角钢呈现裂纹。调查还表明,吊车梁结构损坏程度又与吊车梁的轻重级有关,重级和特重级工作制吊车梁结构破坏最突出,尤其是硬钩吊车,中级和轻级工作制吊车梁的损坏一般较轻。吊车梁结构损坏的主要原因如下。

① 吊车轮压是移动集中荷载,具有动力特征。吊车梁在动荷载作用下,动力特征反应十分复杂,这致使吊车梁长期在不稳定状态和交变应力状态

下工作,易引起应力集中和疲劳破坏。

② 钢轨的偏心。钢轨安装公差与吊车梁中心不一致,使得钢轨的偏心逐渐增大。试验证明,当钢轨偏心量 $e \geqslant 3t$ 时(e 为偏心距,t 为吊车梁腹板厚度),在实腹吊车梁上翼缘与腹板的连接处会出现裂缝或在加劲肋与上翼缘的连接处出现裂缝,而在桁架式吊车梁的节点板处会出现裂缝。

③ 钢轨偏心、水平制动力和啃轨力的作用,造成主梁节点和辅助桁架的损伤。因此保证安装和维护吊车梁结构的质量,对改善吊车工作状况,延长吊车梁结构的使用寿命具有重要意义。

④ 其他结构构件,包括具有其他用途或与工艺过程有关的结构,如冶炼车间的工作平台。其他结构的损坏主要是违反技术使用规定,造成厂房辅助结构构件(如平台、楼梯、围护板、门等)发生超载、撞击、污染等破坏,主要是机械破坏、机械磨损和腐蚀损坏等。

3. 砌体结构

砌体由块体(砖)和砂浆组砌而成。由于大多数砂浆的强度低于块体,所以砌体的损坏一般首先在砂浆中产生。砌体的抗压强度较高,但抗拉强度、抗剪强度较低,在拉应力或剪应力作用下,砌体沿砂浆出现裂缝,如图 3-16 所示。砌体开裂的原因主要有荷载过大、基础不均匀沉降和温度应力作用。

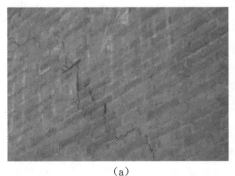 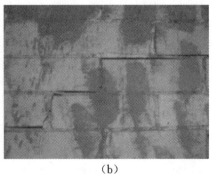

(a)   (b)

图 3-16   砌体结构裂缝

(a)裂缝;(b)开裂、下沉

1）荷载过大引起的裂缝

砌体结构由于荷载过大引起的裂缝有四种，如表 3-5 所示。

表 3-5　砌体结构荷载引起的裂缝类型

序号	破坏类型	常见位置及其特征
1	拉应力破坏	砖砌的水池、圆形筒仓等构筑物常会发生拉应力过大引起砌体开裂的现象。当砖的标号较高而砂浆与砖的黏结力不足时，就会造成黏结力破坏，裂缝沿齿缝开展；当砖的标号较低而砂浆强度较高时，砌体就会产生通过砖和灰缝连成的直缝，这些裂缝大多先发生在砌体受力最大或有洞口的部位
2	弯曲抗拉破坏	弯曲抗拉破坏大多产生于挡土墙、地下室围墙和建筑物上部压力较小的挡风墙上。弯曲抗拉裂缝有沿齿缝和沿直缝两种形式
3	轴压和偏压破坏	轴压破坏主要发生在独立砖柱上。当砖柱上出现贯穿几皮砖的纵向裂缝时，该纵向裂缝就已经成为不稳定裂缝。即在荷载不增加的情况下，裂缝仍将继续发展。受压破坏是砖砌体结构中最常见和最具危害的破坏
4	局部受压破坏	这类破坏通常发生在受集中力较大处，如梁的端部

2）地基不均匀沉降引起的裂缝

当地基发生不均匀沉降并超过一定限度后，会造成砌体结构的开裂，通常又分为两种情况。其一，中间沉降较多的沉降，又称盆式沉降。在软土地基中通常中部的沉降较大，这时房屋将从底层开始出现沿 45°角方向的斜裂缝，其特点是下层的裂缝宽度较大。其二，一端沉降较多的沉降。当地基软硬不均时，如一部分位于岩层，另一部分位于土层，这时房屋将由顶部开始出现沿 45°角方向的斜裂缝，其特点是顶层的裂缝宽度较大。如果这类裂缝不再继续发展下去，说明不均匀沉降基本达到稳定。

3）温度应力作用引起的裂缝

结构周围温度变化（主要是大气温度变化）引起结构构件热胀冷缩的变

形称为温度变形。砖墙的线膨胀系数约为 $5 \times 10^{-6} ℃^{-1}$，钢筋混凝土的线膨胀系数为 $1.0 \times 10^{-5} ℃^{-1}$，也就是说在相同温度下，钢筋混凝土构件的变形比砖墙的变形要大 1 倍以上。在昼夜温差大的炎热地区，屋顶受阳光照射温度上升，屋面混凝土板体积膨胀，板下墙限制了板的变形，在板的推力下墙向外延伸，墙体中产生拉应力、剪应力，当应力较大时将产生水平裂缝。在转角处，水平裂缝贯通形成包角裂缝，除顶层的水平裂缝和包角裂缝外，在房屋两端窗洞口的内上角及外下角还可能出现因温度应力引起的"八"字形裂缝。房屋越长，屋面的保温隔热效果越差，屋面板与墙体的相对变形越大，裂缝越明显。

4. 木结构

由于木结构自重较轻，便于后期运输和重复利用，木结构在房屋建筑中得到了大量的应用，并可用于搭建桥梁和塔架。木结构按连接方式和截面形状分为齿连接的原木或方木结构，裂环、齿板或钉连接的板材结构。

1）齿连接的原木或方木结构

原木或带髓心的方木在干燥过程中，多发生顺纹开裂。当裂缝与桁架受拉下弦连接处受剪面重合时，木结构的安全度将降低，甚至发生破坏。故在采用原木或方木结构时，可以通过采取可靠的措施来减小裂缝对结构的不利影响。

原木和方木截面较大，干燥时需要消耗的时间比较多，所以制作时只能采用截面内外平均含水率不大于 25% 的半干材。半干材在安装后逐渐干燥到与空气中的相对湿度平衡时，将产生横纹干缩，并且在节点处产生的横纹或斜纹的承压变形偏大，再由于齿连接手工操作的偏差，原木或方木结构的变形较大。

原木或方木桁架的下弦除了受开裂的影响，还常因所供应的木材质量偏低，较难得到符合受拉构件材质标准的木材。为了保证原木或方木结构的安全可靠，大量推广应用钢材做下弦和拉杆的钢木桁架，可在一定程度上提高结构的刚度，减小变形。

2）裂环、齿板或钉连接的板材结构

板材结构一般由厚度在 10 cm 以内的木板组成，如表 3-6 所示。木板厚度小，能在短期内干燥，结构的变形较小，且木板又无完整的年轮，在干燥过程中切向和径向收缩率不一致所引起的翘曲可用加压的方法控制;干燥不均匀引起的内应力很小,即使产生裂缝,但因开裂程度轻微,也不会影响结构的安全。

表 3-6　木结构板材连接特征

连接方式	受力特征	应用
裂环连接	裂环通过环槽承压和连接,靠木材受剪传力,其安全度受脆性破坏的木材抗剪强度控制	既能用于节点连接,又能用于接头的连接;裂环能标准化生产,环槽可用机具开凿使木结构的制作进入工业化生产。裂环安装后处于隐蔽状态,不易检查,因此逐渐被齿板取代
齿板连接	冲压而成的齿板用油压机直接压入木材,制造简便,其与裂环连接相比,具有较高的紧密性,减小了结构的变形,且便于检查。齿板通过众多的齿分散承压传力,有很好的韧性,比裂环连接可靠	国外多将齿板应用于桁架节点和接头的连接
钉连接	多在工地制造,由于加工方便,可以制成弧形桁架等合理的结构形式	曾用于体育馆、仓库等跨度较大的屋盖结构。钉连接的后期变形较大,因而其应用受到一定的限制

3.4　结构韧性优化与设计策略

3.4.1　既有建筑结构本体改造

如前文所述,应对既有建筑结构面对的灾害和损伤,再生设计时常见的结构本体改造形式有摇摆结构、自复位结构、可更换结构和耗能结构。

1. 摇摆结构

在早期的摇摆建筑结构中,一般做法为放松结构与基础之间的约束,即上部结构与基础交界面可以受压但几乎没有受拉能力,在水平倾覆力矩作用下,上部结构与基础交界面处可以发生一定的抬升。地震作用下上部结构的反复抬升和回位就造成了上部结构的摇摆,一方面降低了上部结构本身的延性设计需求,减小了地震破坏,节约了上部结构造价;另一方面减小了基础在水平倾覆力矩作用下的抗拉设计需求,节约了基础造价。

摇摆结构的早期应用多限于短周期的刚性结构体系,如摇摆桥梁桥墩的研究。2001 年,美国加州旧金山 Tipping and Mar 公司在伯克利市的一座14 层建筑的改造中首次采用摇摆剪力墙结构;2009 年,WaDa 等在对东京工业大学 G3 楼进行结构加固时,采用了摇摆墙与钢阻尼器联合加固技术,如图 3-17 所示,在 2011 年 3 月发生的里氏 9.0 级日本东北太平洋地震中,该楼采用摇摆墙加固技术表现出优良的抗震性能。

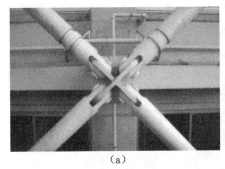

(a) (b)

图 3-17 东京工业大学 G3 楼结构加固

(a)防屈曲支撑(BRB)节点一;(b)防屈曲支撑(BRB)节点二

摇摆结构体系可以有效控制结构的变形,让传统结构体系的柱端、梁端、剪力墙底部等部位在地震中不会出现塑性铰破坏。自复位摇摆结构体系可放松特定位置约束,其联合后张预应力筋和消能减震技术来控制变形与破坏的设计理念,值得深入研究。一般来说,放松结构与基础交界面处或结构构件间交界面处的约束,使该界面仅有受压能力而无受拉能力,结构在地震作用下发生摇摆而结构本身并没有太大弯曲变形,最终回复到原有位置时没有永久残余变形,这样的结构称为自由摇摆结构,其力-位移示意图如图 3-18 所示。

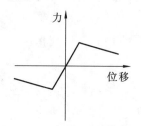

图 3-18　摇摆结构力-位移关系

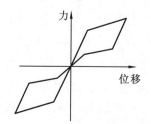

图 3-19　自复位结构力-位移关系

2. 自复位结构

自复位结构是在摇摆结构基础上,通过设置恢复力装置(预应力筋、弹簧等),使结构恢复至初始位置,减小震后残余变形,目的在于减小结构在地震中的响应及地震后的残余变形。其受力特点是在外力撤去后,结构的顶点侧向位移能够逐渐恢复到零,结构在往复荷载作用下的滞回曲线呈"旗帜"形,其力-位移关系曲线如图 3-19 所示。在强震作用下,节点约束被放松的构件发生摇摆或开合,并在摇摆或开合界面设置耗能阻尼器以耗散地震能量,使结构破坏发生在便于替换的耗能阻尼器上。

自复位结构的基本组成部分分为三类:①可发生摇摆的构件,如柱、剪力墙,或具有开合机制的连接件,如梁柱节点、柱脚节点、支撑;②自复位元件,如预应力筋、形状记忆合金(shape memory alloy,SMA);③可更换的耗能元件,如角钢、防屈曲支撑、阻尼器等。

相比于传统节点固结的结构,自复位结构的优势主要体现在两个方面。①震损小。节点约束释放,混凝土基本没有拉应力,通过在混凝土局部受压区配置间接钢筋约束,结构的损伤可以得到有效控制。自复位节点类似于塑性铰,但非线性范围更加集中,除节点外结构的其余部分将基本保持弹性。②残余变形小。依靠高强预应力筋较强的弹性变形能力,结构变形能力大幅提高,在地震结束后,恢复力(包括结构自重以及后张预应力等)将使结构恢复到初始位置,减小或消除残余变形,促使震后建筑快速恢复使用功能,减少因修复重建和建筑功能中断带来的经济损失和社会影响。

自复位结构早期工程上的应用主要见于摇摆式自复位桥墩,如建成于1981 年的新西兰 Rangitikei 铁路桥(图 3-20)。

|(a)|(b)|

图 3-20　Rangitikei 铁路桥

(a)建成图；(b)翻修图

3. 可更换结构

可更换结构是指将结构损伤集中于可更换构件,如连梁、剪力墙墙脚等,从而使主体结构无损伤或低损伤。

目前相比于其他方法,可更换结构的可操作性更强,即在结构中设置可更换的结构构件,例如梁、板、填充墙。在强震时使结构的损伤主要集中在可更换构件,不仅可以利用其有效耗散地震输入结构的能量,保持主体结构在地震作用下不受损坏,而且有利于震后对受损的构件进行快速更换,使结构尽快恢复正常使用。对结构在竖向荷载和水平地震作用下的受力原理及历次地震震害损伤的实验分析表明,很多时候结构发生破坏,并非所有构件均发生严重破坏,带可更换构件的结构是在结构易发生变形或破坏的部位(例如梁板节点、梁柱节点、柱与基础连接处)设置消能构件,在正常使用情况下,该构件与主体结构一样正常工作,在较大地震发生时,该构件率先屈服,发生塑性变形并消耗地震能量,充当保险丝的作用,以保护主体结构免遭破坏。震后可对发生破坏的构件进行更换,更换过程对整个结构的正常使用影响很小。

可更换结构对传统的防灾减灾体系做了改进,结构抗灾技术可以从 3 个方向进行分类,即"抗""消""隔"。

第一,"抗"的角度。从建筑材料、结构构件、结构体系等出发,开发高性能结构,例如钢管高性能混凝土、型钢混凝土、钢骨混凝土等高性能组合材料体系。开发新型结构受力体系或改进既有结构体系,主要是指开发抵抗水平地震作用的新型抗侧力结构体系。目前建筑结构中使用的抗侧力结构体系主要有框架结构体系、剪力墙结构体系、框架—剪力墙结构体系、筒体结构体系、框架—筒体结构体系、巨型框桁架结构体系，以及这几种结构形式的组合。但是这几种结构体系都有一个缺点，即单个构件在整个结构体系中承受较大的剪力和抵抗弯矩，而每个构件对于结构整体来说都是非常重要的，一旦其中的构件发生破坏是非常危险的，而且构件在破坏后也存在较大的残余应力，这会增大更换损坏构件的难度。

第二，"消"的角度。根据抗震控制的思想，在结构构件连接处加入消能元件。基于构件层次的做法，就是通过有意识地在次要构件中设置薄弱部位（可称之为保险丝）来保护关键受力部位的安全，或者将地震时可能产生破坏的构件做成可更换的形式，地震时使这些构件发生塑性变形耗能，保护主要构件的安全，震后对这些受损的构件进行更换。在结构中加设阻尼器，利用摩擦滑移阻尼器来吸收耗散地震能量，震后对破坏的阻尼器进行更换是这方面应用的一个例子。在框架结构中设置填充墙，通过对于填充外挂墙的刚度和墙与梁连接的摩擦滑移构件的研究，以及阻尼砌体填充墙框架结构抗震性能的研究发现，这种抗震控制的思想更有利于保护主体结构不被破坏，而今后研究的趋势是如何选择更加经济的高延性阻尼连接件。

第三，"隔"的角度。在地震作用的影响下，通过隔震层使建筑物部分分开。不同于利用结构自身的强度及韧性来抵抗地震的传统抗震思路，隔震技术利用专门的装置来吸收和疏导地震力，即利用隔震体来隔开地震力的影响，并以缓慢位移来延长结构的振动周期，从而减轻地震带来的破坏。中低层建筑由于刚性大、自振周期小，在地震中常常受到巨大的破坏。所以学者提出采用带阻尼器钢筋复合隔震层技术和钢筋-沥青复合隔震层技术来实现隔震，从而减小地震加速度，实现对中低层建筑的保护。

"可更换"的思想方法和技术在机械制造领域的应用很普遍，但由于土木工程结构设计和施工技术的复杂性，目前其在土木工程领域的应用还很少。国内外关于结构构件在严重受损后可更换方面的研究成果主要集中在钢结构、桥梁工程和预制结构体系方面。

4. 耗能结构

结构消能减震研究及应用处于崭新的历史时期。有学者指出,抗震设计理论发展可分为四个阶段:①静力设计阶段;②反应谱设计阶段;③动力设计阶段;④基于性态的振动控制设计理论阶段。20世纪70—80年代结构抗震设计进入到第四阶段。第四阶段的突出标志是人们将振动控制理论成功引入结构工程领域。"结构振动控制理论"获得迅速发展,成为抗震设计史上的一个重要里程碑,是理论的一次重大变革。结构振动控制分为被动控制、主动控制、半主动控制和混合控制,其中被动控制理论和技术的应用使建筑结构具有耗能减震功能强、性能稳定、性价比高等优点,在国际上得到广泛研究和应用。被动控制技术是指在原结构上附设不需要外部输入能量的振动控制装置,从而减轻或避免地震危害的技术。其中的结构消能减震技术因具有突出的应用优势而成为目前国内外研究的主流方向。

阻尼器又称耗能器,是一种提供运动阻力、耗散运动能量的装置。较早利用阻尼器来消能减震的是航天、航空、汽车制造等领域,20世纪70年代阻尼器开始被应用于建筑结构抗震工程。根据工作原理不同,阻尼器可分为3种基本类型,即与位移相关联的阻尼器、与速度相关联的阻尼器和复合型阻尼器。

1) 与位移相关联的阻尼器

与位移相关联的阻尼器(简称位移型阻尼器),分为金属阻尼器和摩擦阻尼器两种,如表3-7所示。其耗能能力主要与位移相关,位移越大,耗能能力越强。这类阻尼器的位移滞回曲线为典型的双线型,能够增加结构的刚度,缩短结构的自振周期,是能够良好控制结构位移的阻尼装置。

表3-7　位移型阻尼器

类别	金属阻尼器	摩擦阻尼器
原理	金属阻尼器是耗能装置的一种类型,其原理是通过材料塑性变形来转换能量,具有工作性能稳定、持久性好、构造简单、易于维护等优点	摩擦阻尼器的原理是通过两个可以发生相对运动的器件进行摩擦耗能,具有耗能强、构造简单、取材容易、性价比高等优点

类别	金属阻尼器	摩擦阻尼器
构造形式		

2）与速度相关联的阻尼器

阻尼与相对运动速度构成线性函数关系的阻尼器称为与速度相关联的阻尼器（简称速度型阻尼器），具体有黏滞阻尼器和黏弹性阻尼器两种，如表 3-8 所示。速度型阻尼器的特点：耗能能力与速度大小相关，变形速度越快，阻尼力越大；不能改变结构的周期，但能够增加结构的阻尼，在地震作用下能够减小结构基底剪力及层间位移。

表 3-8　速度型阻尼器

类别	黏滞阻尼器	黏弹性阻尼器
原理	黏滞阻尼器又叫黏滞流体阻尼器，是利用黏滞液体的运动，通过孔隙或间隙，将流体动能转化为热能，从而消耗地震能量的一种装置。该类阻尼器的性能受到激振频率、相对速度、外界温度等因素的影响，具有滞回曲线椭圆饱满、耗能能力强等优点	黏弹性阻尼器的力与位移滞回曲线近似椭圆，较小振动也能耗能，耗能能力强、灵敏度高、性能稳定、构造简单、性价比高。黏弹性材料是一些具有弹性和黏性双重特性的高分子聚合物
构造形式		

3）复合型阻尼器

将不同类型的阻尼元件根据不同
的实际工程需要进行合理的组合，就构
成了复合型阻尼器。这类阻尼器具有更
强的耗能能力，特点是可以由多个分支
阻尼器协同耗能，并可以采用多种不同
机制进行耗能，其形式如图 3-21 所示。

图 3-21　复合型阻尼器

3.4.2　既有建筑结构外部加固

1. 增大截面加固法

增大截面加固法也称外包混凝土加固法，是通过增大既有建筑结构构
件截面面积以提高被加固结构的承载能力、强度及刚度等性能的加固方法。

增大截面加固法适用于钢筋混凝土上受压结构和受弯结构的加固。当
梁、板、柱承载能力不能满足既有建筑的要求时，可采用增大截面加固法加
固。增大截面加固法可以根据原构件的受力性质、尺寸和施工条件的实际
情况，设计为单面、双面、三面和四面以增大构件截面。

增大截面加固法的优点诸多，例如施工技术成熟、加固后的结构稳定
性好、适用范围广、加固形式多样化等；但也存在一定局限性，比如施工工
艺较复杂、会增大原有结构的自重、会减小建筑净空和实际使用面积等。
该方法的施工工艺如图 3-22 所示。

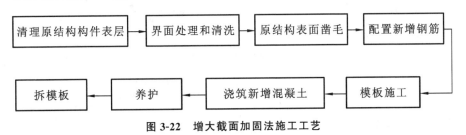

图 3-22　增大截面加固法施工工艺

2. 粘钢加固法

粘钢加固法是在钢筋混凝土结构表面用特定的建筑结构胶将钢板粘贴

上去,使钢板与混凝土形成统一的整体。由于钢板具有良好的抗拉强度,所以可以达到增强构件承载能力及刚度的目的。

粘钢加固法适用于承受静力作用的一般受弯构件及受拉构件,常在结构构件承载力不足区段表面粘贴钢板,用于结构正截面受弯、斜截面受剪、大偏心构件受拉和受拉构件的承载力加固。该方法应在温度 5～60 ℃且相对湿度不超过 70%、无化学腐蚀的情况下使用,否则要采取必要的防锈蚀保护措施。

粘钢法有着设计简单、施工方便且加固后对原结构外观和原有净空无显著影响的优点;但也有易发生剥离破坏、施工质量较差、对环境要求严格等缺点。该方法的施工工艺如图 3-23 所示。

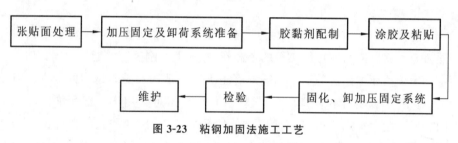

图 3-23   粘钢加固法施工工艺

3. 置换混凝土加固法

置换混凝土加固法是通过对既有建筑结构构件受压区的原有混凝土进行剔除,再浇筑比原有混凝土更高等级的新混凝土,以提高结构构件受压区抗压强度的加固方法。

置换混凝土加固法适用于既有建筑结构承重构件受压区混凝土强度偏低或有缺陷(如存在蜂窝、孔洞、疏松等)的梁、柱等混凝土承重构件的加固。该方法要求在置换混凝土前对混凝土结构构件的承载能力进行测定和核算,置换的混凝土界面不能出现拉应力;施工过程中,必须要做好对新旧混凝土浇筑界面的处理,如凿毛、充分湿润、接浆等,要充分保证连接面的质量;钢筋的表面必须清洁,不得带有颗粒或片状老锈。

置换混凝土加固法的优点有结构构件加固后可以恢复原貌且不改变原有使用面积等;缺点有新旧混凝土的黏结能力较差、剔凿时易损伤原结构构件的钢筋、湿作业工期长等。该方法的施工工艺如图 3-24 所示。

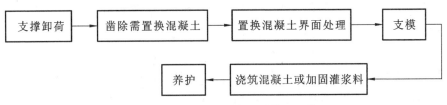

图 3-24　置换混凝土加固法施工工艺

4. 粘贴纤维复合材料加固法

粘贴纤维复合材料加固法是采用结构胶黏剂将纤维复合材料粘贴于原结构构件的混凝土表面,使其形成具有整体性的截面,以提高既有建筑结构构件承载能力的加固方法。

粘贴纤维复合材料加固法适用于钢筋混凝土受弯、受压及受拉结构构件的加固。纤维复合材料宜在 5～35 ℃的温度条件下施工,不宜在雨天或潮湿条件下施工;搭接长度不宜小于 100 mm,主要受力区要避开搭接位置;当采用多条或多层纤维复合材料加固时,在前一层纤维布表面用手指触摸感到干燥后,立即涂胶黏剂粘贴后一层纤维复合材料。

粘贴纤维复合材料加固法的优点有可适应不同构件形状、成型方便、施工方便、轻质高强、对原结构不产生新的损伤、耐热性好、耐化学腐蚀等;缺点有对使用环境及施工工艺要求高等。该方法的施工工艺如图 3-25 所示。

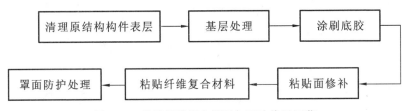

图 3-25　粘贴纤维复合材料加固法施工工艺

5. 增设支点加固法

增设支点加固法是通过增设支点使得结构的计算跨径减小,从而改变结构的内力分布,提高结构的承载能力,并能减小和限制原结构挠曲变形的加固方法。增设支点加固法的加固形式按增设支点的支承情况不同,可分为刚性支点法和弹性支点法。刚性支点法是通过支撑结构的轴心受压或轴心受拉将荷载直接传给基础或柱子等结构构件,弹性支点法是通过支承结构的受弯性能和桁架作用间接地传递荷载。

增设支点加固法适用于对使用空间和效果要求不高的梁、板、桁架、网架等水平结构构件的加固。在进行加固时,要注意被支顶结构构件的表面不得出现裂缝和不需增设附加钢筋;同时,结构计算要确定预加力或卸荷值,绘制新的结构内力图。

增设支点加固法的优点有施工简单、对施工环境要求低、加固后结构可靠性高等;缺点有对结构外观及使用空间影响较大等。该方法的施工现场如图 3-26 所示。

（a）　　　　　　　　　　　　　　　　（b）

图 3-26　增设支点加固法的施工现场图

（a）细节图；（b）局部图

4

既有建筑再生空间韧性分析

空间韧性是韧性分析的重要组成部分，侧重空间维度方面。本章从概念、意义、内容等方面构建空间韧性的认知框架，深度剖析空间韧性系统的内部影响机制和现阶段存在的问题，最后提出优化与再生策略。

4.1 空间韧性的认知框架构成

城市在高速发展的过程中会面临越来越多的灾难危机，非典疫情、汶川大地震、新冠肺炎疫情等公共危难事件在近 20 年中不断危害我们的生活，如图 4-1 所示。冲击强度从地区到国家再到全球不断升级，冲击范围从城市到建筑不断渗透。因此，建筑设计需提出一套应对灾难冲击和突发性灾害等不可预知事件的韧性空间设计策略。同时，日常使用过程中，渐进式、微小式的冲击和挑战也影响着建筑的使用；随着社会经济的发展，建筑空间文化及功能也受到了一定的冲击。

（a）　　　　　　　（b）　　　　　　　（c）

图 4-1　重大灾难危机

（a）非典疫情；（b）汶川大地震；（c）新冠肺炎疫情

本章通过了解风险与危机的强度、影响机制，以及空间韧性的概念、特点、意义、特征、内容、范畴和现状问题，建立高效、安全的既有建筑空间设计策略体系，提高既有建筑的空间韧性。

4.1.1 空间韧性的概念与内涵

空间韧性主要侧重空间维度方面的韧性研究。2001 年，奈斯特龙和福尔克在珊瑚礁的研究中首次提出空间韧性的概念：空间韧性是系统受干扰后可以发生重组并维持系统基本结构和功能的重要能力。后来其逐渐被引入城市防灾减灾研究领域建设和发展过程中,以及既有建筑空间再生利用中。既有建筑空间韧性指的是既有建筑应对外界扰动冲击时,能够采取以空间维度为主导的方式恢复正常运行状态,维持原有社会机能的适应变化能力。

空间韧性建设的重点是在"与干扰共存"的基础上,构建一个"低灾害概率"的空间体系,使其在面临外界冲击时,部分空间能够利用自身潜在的优势,通过重组和更新来降低和缓冲各种灾害风险的影响,从而适应变化和冲击。当前,空间韧性逐步关注系统渐进的、微小的、积累的变化,以更加聚焦的空间选择和更为综合的视角关注空间再生利用,以实现空间、社会、文化、生态等多方面的可持续发展。

4.1.2 空间韧性的意义与特征

既有建筑是城市的存量载体,其韧性对保护城市的基本功能具有重要意义。在建筑系统的三维空间中,物理空间为居民提供了庇护所,建筑系统结构构件和非结构构件的稳定性和受破坏后迅速恢复的能力至关重要;社会空间层面,建筑所依托的周边区域设施和服务人员应尽可能稳定,从而实现社会韧性。

将韧性理论用于既有建筑的研究,可以拓展既有建筑的研究领域。本章关注室内外空间要素作用的深层次特征,并提出以静态目标和动态过程相结合的适应性空间韧性规划方法,从而优化既有建筑空间系统。既有建筑空间韧性系统的特征如图 4-2 所示。

既有建筑空间韧性需具备稳定性、冗余性、效率性、防灾适应性、多功能性和地方性等特性,如表 4-1 所示。

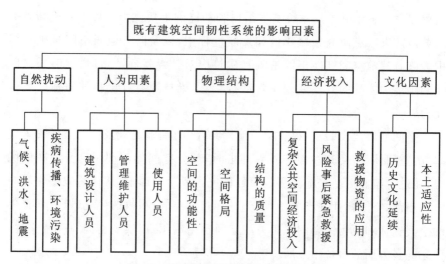

图4-2　既有建筑空间韧性系统的特征

表4-1　空间韧性的本质特征和含义界定

特征	含义
稳定性	既有建筑在受到干扰和冲击的情况下,能够承受既定水平压力,确保空间各系统功能完整,能够充分降低损失,保持良好使用功能的能力
冗余性	既有建筑在受到破坏,在功能发生中断、降级或丧失时,存在可替代的元素,仍能够满足功能要求并恢复的能力
效率性	当灾害来临时,既有建筑可以第一时间作出有效应对,并恢复至原本的稳定状态,从而减少灾害带来的损失
防灾适应性	既有建筑遭到破坏后,能够有效防御灾害并逐渐适应灾害状态的能力
多功能性	既有建筑可作为物资储存空间、应急避难场所、应急疏散通道等应急空间,具有一定的容量和空间环境
地方性	既有建筑具有一定的场所精神,可以是一个历史文化延续的空间,具有一定的叙事性;也可以是建筑发展过程中重塑的文化场所,满足使用者的文化需求、交流需求和活动需求

4.1.3　空间韧性的内容与范畴

既有建筑空间韧性是在面对外界干扰和冲击时表现出的恢复能力和适应性。通过空间韧性优化,可以加快区域基础设施更新,完善公共服务配套设施,提高建筑的适用性,营造全新的建筑空间。空间韧性主要体现在结构冗余、功能多样和空间异质。

1.结构冗余

结构冗余是指建筑空间作为一个整体的系统,由许多单元构成,这些单元相互连接和支撑,通过特定的方式形成完整的空间结构秩序,共同抵御外界干扰和冲击。冗余作为一种有效的改造设计方式,能够保证空间结构系统的稳定性。因为在面对外部干扰时,若某个局部结构受到破坏,还有若干个结构构件可以发挥作用,保证整个系统不会瘫痪。

2.功能多样

功能多样指的是既有建筑空间在改造后应该承载多元化功能的特征。空间是人们进行不同活动的场所,其以满足人们的不同需求为主要目标,当空间使用主体的行为发生改变时,空间的功能也随之发生变化。相比于固定的功能空间,一个可变化的空间在受到外界干扰和冲击时能积极应对,作出改变,通过适应性的调整、转变和再利用来适应新的需求,提供更多的选择,最大限度地满足不同使用群体的多重使用需求。

3.空间异质

空间异质是指空间能够呈现出多种多样、高度异质的形态特征。空间是创造多种丰富活动和行为的场所,空间的形态是在这些行为活动作用下的表现形式。相较于单一均质的空间,多重异质的空间能提高空间的抵抗能力和恢复能力,从而满足主体的需求。

4.2　空间韧性系统的影响机制

建筑都有生命周期,既有建筑的发展也处于"开发建设—稳态运营—破坏衰败—重组再生"的适应性循环过程中。既有建筑空间韧性系统的影响因素可以分为自然扰动因素、人为因素、物理结构因素、经济投入因素、文化因素。

4.2.1　自然扰动因素

自然灾害对于空间系统的扰动有着不可忽视的影响。既有建筑空间因自然灾害侵扰而发生结构、功能和形态的转变。当空间具有一定的韧性,就能够适应逆境,不同类型的空间依据自身适应变化能力的大小表现出不同量级的韧性程度。

例如,各类公共空间在必要时可作为城市临时调用的防灾空间。这就要求既有建筑空间在自然灾害面前具有应急使用的弹性,对空间的通用性和稳健性提出了更高的要求和标准。

4.2.2　人为因素

在建筑设计以及投入使用的全周期内,人作为空间中的主要参与部分,对空间韧性的建设有着一定的影响。首先,设计人员以及建造人员对灾害应急空间系统的设计直接影响着建筑抗扰动的能力;其次,建筑投入使用后需要管理人员、使用人员共同来维护其空间韧性。

空间在应对外界干扰和冲击作用影响时能否通过有效调整和组织来构建韧性,以适应变化和发展在某种程度上取决于空间主体——人的意识形态。因此,空间韧性更多体现的是人对空间的规划干预和组织管理的方式及手段,若方法合理,则空间维持着较高程度的韧性,得以适应变化而生存。

4.2.3　物理结构因素

建筑是一个空间实体,物理结构作为客观因素同样影响着既有建筑的空间韧性。空间的功能性、互通性,建筑楼层的高度、灵活性,空间中楼梯的位置、大小、样式,结构的质量等,都是空间韧性强弱的影响因素。在应对外界干扰和冲击时,空间依靠这些组件通过自身的优势来维持正常的运转,降低灾害风险的影响,从而适应变化和冲击。

4.2.4 经济投入因素

经济投入是直接影响结构体系及空间的主要因素。韧性理论所涵盖的风险事件吸收、适应和恢复能力均需要各类资金的支持,经济支持作为应对灾害的主要保证和支持手段,发挥着重要作用。

4.2.5 文化因素

随着时间的推移,既有建筑空间的发展应具有本土适应性,因此文化因素也是空间韧性的一部分。当建筑空间具有一定的场所精神,是一个历史文化延续的空间,具有一定的叙事性,就代表了其具有一定的地方生活特征,能够反映地方的历史、文化、经济背景,以及社会发展背景和风俗习惯,可以满足使用者新的文化需求、交流需求和活动需求。

4.3　空间韧性现状的问题分析

由于建造年代比较久远、长期使用的损耗,大部分既有建筑在空间上存在形态复杂、缺乏安全性和冗余性等问题。同时,部分既有建筑在改建、加建的过程中对空间韧性没有充分的考虑,导致了建筑功能布局不灵活、适应性不足等问题。当前,使用者对空间环境品质的需求逐渐提升,空间品质需要通过功能的不断优化来实现韧性目标。

4.3.1 现状特征

1. 空间形态的复杂性

既有建筑空间形态是复杂的,经过长期使用后内部空间存在自发性的改造。既有建筑空间的复杂程度主要来源于三方面:第一,建筑自身功能复杂,如医院、客运站等;第二,随着时间的推移,许多既有建筑经历了多次再生利用,所有空间堆积在一起,而且不同的使用群体之间会相互影响,动静、公私等分区不明确;第三,空间的互通能力弱,导致空间交流、空间转换性能不足,空间中存在各组织流线相交叉甚至相互干扰的情况,如图 4-3所示。

(a)   (b)

图 4-3　既有建筑空间的复杂程度

(a)外部风貌;(b)内部空间

2. 空间自身冗余性不足

某些既有建筑设计之初只以基本功能为主,缺乏更深层次的思考。由于设计师对空间韧性认识不足,难以适应新需求的出现。例如,以生产功能空间为主的工业建筑是纯生产性的,机械设备、原材料以及产品占据了其大部分空间,往往根据生产流程对功能空间进行布局。这些空间在改造实践中需要进行功能置换与空间再设计,不同的空间类型有其适宜的功能模式。

3. 空间适灾能力较差

某些既有建筑内部空间应急适灾功能设计相对落后,分区不明确,灵活性较差。当灾害发生时,建筑空间适灾能力差,缺少对突发公共卫生事件的应急处理设计,缺乏应急保障设施空间,导致在紧急情况下设施的互联互通存在阻碍,不能及时适应空间需求。部分既有建筑外部空间应急能力也存在不足,场地利用布局不够合理,存在低效土地;空间环境差,部分空间严重被占用,交通空间层次不够清晰,设计宽度不足,互通性不强,空间应急系统连接不畅,导向性弱等,影响了外部空间的应急能力。

4.3.2 再生功能

建筑空间是功能的承载者,空间的尺度和形式依附于功能的类型,需要根据功能的需求而定。随着时代的变迁,既有建筑的使用对象、使用目标、使用方式等都会随之发生变化,功能的时效性与建筑的稳固性是无法长时间匹配的,需要重新合理组织空间,以更好地实现功能,如图 4-4 所示。

(a)   (b)

图 4-4　唐山城市展览馆
(a)生产功能(改造前);(b)展览功能(改造后)

4.3.3 环境品质

部分既有建筑空间品质已无法满足使用者的需求,亟须更新。一方面,既有建筑内部的结构及设施老化,存在安全隐患,某些工业建筑内部存在污染;另一方面,内外空间的联系不足,空间的物质场所需要拥有与建筑相联系的、开放的外部空间环境。既有建筑缺乏对外部空间设计的思考,独立性强,与周围环境联系较弱,从而导致空间韧性不足。例如,建筑周围缺乏缓冲空间,入口空间狭窄,人流导向性差等。某些既有建筑缺少光照及通风,植物配置不合理,缺乏足够的活动空间和路径,生态空间脆弱,如图 4-5 所示。

（a） （b）

图 4-5 既有建筑存在的问题
（a）生态空间脆弱；（b）自然灾害冲击

4.4 空间韧性优化与设计策略

在既有建筑的更新过程中，建筑形态的多样性和社会需求的复杂性，使得既有建筑再生从结构安全性改造拓展到综合性、全方位改造上，改造对象也从单个结构构件转换到整个建筑区域的空间和功能上。综合运用整体空间重构、局部空间重构、建筑内部细节设计、空间环境设计等策略，使得既有建筑具有冗余性、多样性、稳定性等特征，满足功能所需的层高、进深、开间等要求，使布局流线合理、秩序分明。

4.4.1 整体空间重构

1. 概述

整体空间重构主要体现在安全性、功能性和文化性三个方面。建筑在使用之初最基本的功能应该是坚固和安全，这就要求既有建筑再生利用时首先应解决空间的安全性问题，须选择合适的空间结构形式；空间尺度划分应与新置入的不同功能需求相匹配，强调可变性和适应性，通过分割、合并、加层等空间处理方式，利用自由式隔断，让空间具备一定的变化功能，使其能够在多方面开发利用，从而为各种活动的开展提供空间载体；既有建筑空间反映建筑原有空间结构特征,是建筑文化和原有功能的物质载体,设计应继承历史文脉,实现空间文化的传承和保护,延续文化韧性。

2. 重构形式

整体空间重构设计须建立在既有建筑结构稳定与安全的基础之上,采用空间拆分、空间整合、空间生长等设计方法,满足更新后的功能需求。

1) 空间拆分

当需要尺度较小的空间时,宜将既有建筑的大空间隔成若干个小空间,以获取空间尺度更舒适的功能房间,从空间维度上可分为水平和垂直两种拆分形式。

水平拆分是一种以保护既有建筑结构体系为前提的空间解构方式,改造过程中既要突出私密性要求,注重空间独立回避,又要满足公共性要求,保持空间流动通透。水平拆分一般适用于跨度或面积较大的建筑。

垂直拆分指将垂直向的空间划分为数个独立空间使用,通常采用空间增层的方式,植入多功能的小空间,提高空间的利用率,丰富空间层次,赋予空间趣味与活力。垂直拆分应用于竖向空间大、建筑结构稳固的空间,如图 4-6 所示。

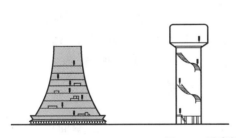

图 4-6　垂直拆分示意图

既有建筑通过临时性的整体空间重构可实现灾害时期的多功能转换,在外界风险和灾害来临时,为建筑对抗风险和灾害提供空间功能基础,加强空间适灾韧性,如图 4-7 所示。在抗击新冠肺炎疫情中,武汉市临时征用多处大型公共设施改造成"方舱医院",利用水平拆分的方式,将原有的大体量空间拆分成若干小空间,如图 4-8 所示。

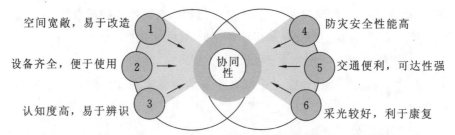

图 4-7　大尺度空间与应急设施的协同性

图 4-8　武汉体育中心

(a)平时场景；(b)防疫场景

2）空间整合

当需要尺度较大的空间时,通过将既有建筑内水平隔墙或竖向楼板拆除形成开敞的大空间,即在空间内做减法,可满足置入新功能的需求。空间整合可以使建筑内空间功能布局更加合理,空间动线更加明确,对原有的单一空间形态赋予变化,形成多样的空间形态,如图 4-9 所示。

3）空间生长

当无法满足新置入功能的空间需求时,可采用空间嵌套、空间连接、空间扩展等方式,实现空间生长,如表 4-2 所示。空间嵌套是当建筑内部空间层次感较弱时,将小空间嵌套在相同形式的大空间中,或将它们进行多重组合,获取空间感更丰富的平面关系;空间连接是指相邻的多个建筑单体集中重构时,可考虑在建筑单体之间建立联系,使空间相连,以获得更流畅的空间关系;空间扩展是在建筑用地较充足时,可考虑将建筑功能扩展到原有外立面之外的空间中,利用推拉、悬挑、架空的方法将原有形式打破,以得到更开敞的空间。

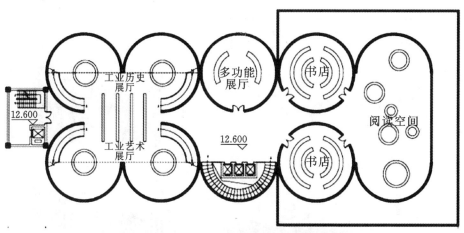

图 4-9　空间整合示意图

表 4-2　空间生长的方式、图示和案例示意

方式	图示	案例
空间嵌套		

方式	图示	案例
空间连接	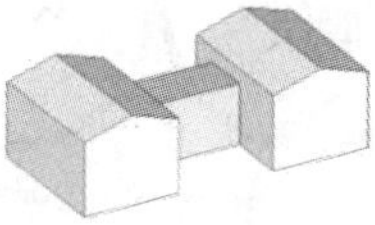	
空间扩展	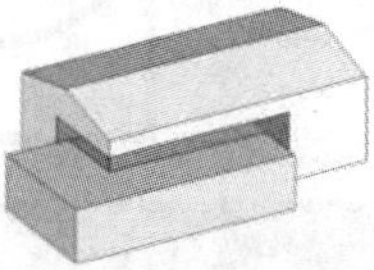	

4.4.2 局部空间重构

1. 概述

局部空间重构应综合考虑建筑结构的承载力,以不影响建筑整体安全性为前提,是一种具有针对性、灵活性、环保性的空间设计,对于提高建筑多功能性及安全应急保障能力有着重要作用。通过局部优化、逐点激活的手法,对既有建筑中亟须改造或改造效益最为明显的部分进行有针对性的更新,以促进建筑功能复合及转变。局部更新主要以微介入、轻干预的形式进行,采取的方式可以更为灵活,同时在更新过程中少拆除、多利用,可减少建设中的耗材,更为低碳环保。

2. 重构形式

在保留既有建筑基础上,增加或拆除局部构件,改变挑空面积和开窗形式,调整部分空间结构,从而达到满足自然通风、采光需求,扩大夹层功能空间的面积,提升空间使用效率等目的。可适当增加开敞式楼梯,提升局部空间感;也可改造休息区和过厅,在确保交通功能及应急疏散功能的前提下,形成一个交流的场所,营造出层次丰富的空间体验,如图 4-10 所示。通过利用原有构筑物来进行空间景观艺术设计,在保留部分场地和有意义的设施、设备的基础上,通过艺术化的处理和选择性的再生,更加场景化地展示既有建筑的历史文脉,唤起人们的集体记忆,从而提升社会韧性。

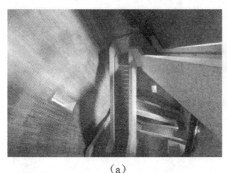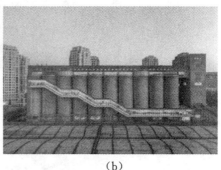

（a）　　　　　　　　　　　　　　　　　（b）

图 4-10　空间重构

(a)荷兰某瞭望塔更新；(b)民生码头 8 万吨筒仓更新

以既有工业建筑为例,其由于工业生产要求而具有大跨空间,有的甚至是多跨连在一起,会对再生设计内部空间的自然通风造成一定影响。因此可以考虑切掉或者增加部分空间,即加入中庭或者侧庭的办法来弥补既有建筑中央部分采光不足和自然通风不畅的缺陷。中庭空间作为一个空气间层,还有利于保持室内空间温度和湿度的稳定。非洲当代艺术博物馆是由筒仓群改造而来的,设计者在建筑内部开凿出一个形似拱顶教堂的中庭,融入自然界的设计要素,契合博物馆的艺术文化表达,成为博物馆的核心空间,吸引大量游客参观驻足,如图 4-11 所示。

既有建筑可通过梳理应急疏散通道、增加避难场所及应急物资储存空间等方式提升自身的适灾韧性。应急物资储存空间应布置在靠近防灾救灾通道和临时避难场所的安全位置,储存空间的大小应根据区域人口确定,以充分利用地下空间。对于空间不足的建筑,可以通过现有功能空间的复合利用,进一步拓展应急物资储存空间,丰富应急物资储存类型。以北京阜外西小区为例,社区应急物资储备库位于社区居委会会议室,如图 4-12 所示。

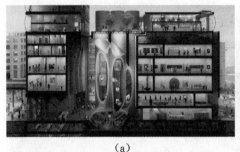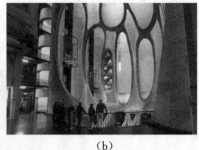

(a)　　　　　　　　　　　　　　　　　　(b)

图 4-11　非洲当代艺术博物馆中庭空间

(a)剖面图;(b)实景图

(a)　　　　　　　　　　　　　　　　　　(b)

图 4-12　适灾韧性应急空间

(a)应急物资;(b)应急物资储备库

4.4.3　建筑内部细节设计

1.概述

建筑内部细节设计指建筑内部异形空间如建筑顶层、特殊构造节点处、边角空间等的再生设计,可结合建筑的原始肌理及特殊的结构美,设置具有不同体验感的空间。建筑细节是体现建筑形态演变的主要载体,同时受到功能、技术、艺术和地区文化等共同作用,应采用适宜的设计手法对空间资源进行拓展利用,使其具有更大的空间扩展性和适用性,及时适应新的环境,满足使用者需求,从而延长建筑的使用寿命,提升建筑空间存续价值,实现空间韧性。

2. 设计形式

既有建筑内部细节的设计形式是多样的、创新的,下面以空间展示、空间共享、空间人性化设计为例进行说明。

1) 空间展示

空间展示是指在既有建筑再生利用过程中,刻意地保留并裸露既有建筑元素,如墙面、屋顶结构以及遗留设备等,使之成为空间中的一部分,或与展陈设计相结合,使空间具有历史感与文化怀旧感,与公众进行思想上的交流。

例如在既有工业建筑改造为博览类场所时,将展陈设计与工业构件相结合,不仅有利于保护和传承优秀的传统工艺,也保存了旧工业生产活动的一份珍贵回忆,如图4-13所示。

(a)   (b)

图4-13 空间设计与既有建筑元素相结合

(a)苏州锦溪祝家甸砖厂;(b)淄博齐长城美术馆

在北京茶儿胡同22号院的再改造中,建筑内部的结构被保留并展示出来,为民宿功能的室内空间营造出具有文化特色的空间氛围。敦实的木质构件让使用者感受建筑的历史与文化,享受温馨舒适的宜居环境,如图4-14所示。

2) 空间共享

在建筑细部空间的再生设计中,应注重空间的共享,即同一时间不同功能的复合,这样不仅能体现空间的包容性,还能提高空间的使用效率,节约资源。多样化的功能空间服务的对象也是多元化的,应从人的行为和心理需求着手,满足人们日常工作和生活需求,体现出空间的灵活性和弹性。可

图 4-14 北京茶儿胡同 22 号院室内空间设计

以避免使用封闭固定的墙体,利用便于移动的家具对空间进行分隔,借助灵活的隔断,如轨道幕墙、屏风、折叠门等,完成空间的组合、分隔,如图 4-15所示。

(a)   (b)

图 4-15 建筑内部空间共享

(a)空间组合变化;(b)可移动隔墙

  北京史家胡同设计者将传统的历史保护建筑打造成胡同博物馆,让这里不仅是文化展示空间,也成为居民开展文化活动、参与社区治理的主要场所,如图 4-16 所示。

  3)空间人性化设计

  建筑细部空间设计包含特殊功能的布置,例如环境小品、入口空间和无障碍设施等,此类设计要满足人的使用需求和心理需求,注重人性化设计。

（a） （b）

图 4-16 北京史家胡同再生利用

环境小品可使得空间明确化、具体化、美观化，提升使用者的心理感受。例如，重庆万州文化创意产业园中的木制阶梯阅览区，在阶梯上放置一些装饰小品作为点缀，散发出温情质感，如图 4-17（a）所示。入口空间作为建筑中的细部，在改造时可选取更为通透开敞的设计，可以有意识地布置一面镜子，或者悬挂一座时钟，如图 4-17（b）所示。

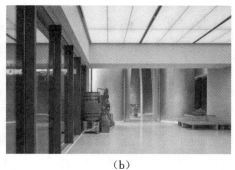

（a） （b）

图 4-17 空间人性化设计

（a）阅读空间；（b）入口空间

4.4.4 空间环境设计

1. 室内空间环境

室内空间环境设计是指通过适宜的设计手法营造具有特定体验的环境

氛围,满足基本功能并引起人们情感共鸣,可通过对空间的尺度、形态、色彩、采光、装饰等进行设计,实现功能的优化或转变。深圳水围人才公寓是由"握手楼"改造而来的。为适应年轻人的居住需求,建筑运用连廊、屋顶花园等形式打造了更多的公共空间,以丰富的色彩体系营造出充满活力的空间环境,如图 4-18 所示。

(a) (b)

图 4-18 深圳水围人才公寓

(a)公共厨房;(b)屋顶花园

2.室外场所环境

很多既有建筑外部空间物质老化,已经不能满足居民现代化生活的需要。首先,应在不破坏街区本身尺度与风貌的情况下,完善电力电信系统、排水系统、燃气系统、街区防灾系统等基础设施。其次,拆除私搭乱建,对老旧建筑进行加固修缮,延长其使用年限,注意建筑间的防火处理,改善建筑内部居住条件和院落空间环境,满足居民现代生活的需要,提高生活质量。最后,应通过微空间的更新改造,创造出更多公共活动空间,提升街区品质和活力。

近年来,北京草厂胡同街区开展了整体更新行动,干净整洁的胡同环境、绿色宽敞的院落空间,让老院落里的居民也过上了现代化的生活,如图 4-19 所示。

3.平灾结合

外部空间设计不仅要考虑到平时功能需求,还要在项目选址、面积、形式、空间结构和可达性等方面符合防灾的各项要求。开放空间应分布均匀,

（a） （b）

图 4-19 北京草厂胡同街区室外环境更新

(a)街巷空间;(b)院落空间

面积充足,遇灾时可转变为应急隔离空间或防疫物资储备空间;可将公共设施与户外空间相联系,建立一体化公共服务枢纽,根据实际需求建设储存应急物资的空间。例如,在新冠肺炎疫情防控中,部分开放空间作为临时防疫站,完成测核酸、发放防疫物资等防疫措施。

在空间允许的条件下,开放空间应设置双通道,这样既能增强平时流线的可达性,也可避免遇灾期间救护应急通道与正常使用者通行流线重叠交叉;利用广场、道路等开放空间以及场地自身的减灾空间结构形成灾害隔离空间;还可种植女贞、杨树、银杏等防火植物,增强空间的抗灾能力。

交通系统应为"网络"结构,能充分连接建筑内外所有使用空间。交通型道路应减少尽端路设置,保证消防车辆的回车空间;在灾害发生时,可以快速起到应急疏散作用;并加强路边停车监管,确保防灾通道畅通。消防设施对于抵抗火灾非常关键,可增设市政消火栓及场地地下消火栓,并使其均匀布局,加强日常监督管理。盲道、坡道等无障碍设施设计应符合《无障碍设计规范》(GB 50763—2012)中的相关规定和要求,同时可以采用铺装图案变化和颜色变化的方式引导人们逃生。

4.4.5 绿色生态空间构建

既有空间形态改造应遵循景观安全和气候适应性原则,再生规划中应充分考虑城市通风廊道,合理利用地形,对局部地段的建筑、道路、开放空间进行布局优化,增强公共空间的通风效果;提高场地的绿地率和景观植物的质量,促进微气候循环,通过生态补偿和环境改善提升空间环境的舒适性,构建日趋完善的生态安全格局,有效地缓解夏季热岛效应和冬季冷风侵袭影响;贯彻被动式节能设计原则,对建筑群体的形态进行改造和设计,保证自然通风及采光,如图 4-20 所示;倡导应用绿色建筑技术,结合空间的物理特征,可采用遮阳板、太阳能屋面、风墙等节能构件和细部设计,以及屋顶花园、空中花园等立体绿化措施,提高建筑的使用舒适度。

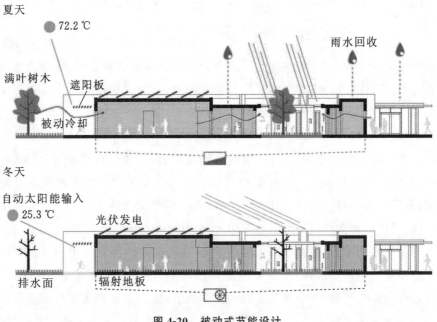

图 4-20 被动式节能设计

重点提升透水路面的铺设比例,如在人行道上铺设透水方块砖,在人行道下方设置渗水沟和回填砂石的渗水井;路面材料选用草炭砖、黏结石、透水沥青或混凝土等;增加雨水利用设施,促进雨水的排放和循环利用,如图 4-21 所示。

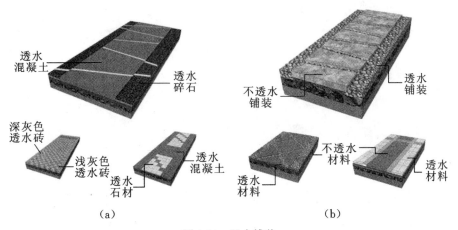

图 4-21 透水铺装

(a)单一铺装；(b)组合铺装

5

既有建筑再生技术韧性分析

既有建筑再生过程中韧性技术的应用是实现再生系统整体韧性的重要举措。本章通过人、材料、机械、政策和科技发展五个维度分析技术韧性的影响机制，从安全、经济、社会和环境四个方面分析技术韧性存在的问题，在此基础上提出相应的优化策略。

5.1 技术韧性的认知框架构成

在物理学中，韧性用来表示材料在塑性变形和破裂过程中吸收能量的能力。材料发生脆性断裂的可能性越小，则表示材料的韧性越好。而在材料学和冶金学中，韧性是指材料受到使其发生形变的力时对折断的抵抗能力，其定义为材料在断裂前所能吸收的能量与体积的比值。技术韧性是指通过采用某种技术提高材料抵御外界变形与破坏的能力。针对不同的研究对象，采用适宜的技术，可大大延长它的使用寿命，提高使用效率。

5.1.1 技术韧性的概念与内涵

既有建筑技术韧性是指通过采用某种特定的技术措施，提升既有建筑系统抵御外界扰动的能力。下面以围护结构改造、能源利用、绿化优化和资源循环为例，探讨技术对韧性的改善能力。

1. 围护结构改造

根据在建筑物中位置的不同，围护结构分为外围护结构和内围护结构。外围护结构包括外墙、屋顶、侧窗、外门等，用以抵御风雨、温度变化、太阳辐射等，应具有保温、隔热、隔声、防水、防潮、耐火、耐久等性能。内围护结构如隔墙、楼板和内门窗等，起分隔室内空间作用，应具有隔声、隔离视线以及某些特殊的性能。本书主要研究的是外围护结构，如图 5-1 所示。

如今，围护结构在建筑系统中变得越来越重要，人们越发注重建筑的节能、多功能的叠加、居住的舒适性、使用材料的环保性、寿命的稳定性，以及更换的方便和经济性。

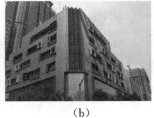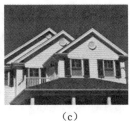

（a） （b） （c）

图 5-1　围护结构

（a）建筑外墙；（b）建筑外门窗；（c）屋顶

2. 能源利用

面对地球环境恶化和气候变化的加速，可持续设计俨然已经成为应对环境问题和地球危机的必备解决方案之一。作为生产和生活的主要场所，既有建筑的建筑能耗占我国能源消耗的 46%，如何减少既有建筑的建筑能耗成为亟须解决的问题。

节能是解决能源利用问题的重要举措之一。节能技术主要分为两类，即被动式节能技术和主动式节能技术。前者是指对建筑物的空间位置和采光天窗等进行合理的布局，更多的是采用天然采光和自然通风来达到减少能耗的效果，还可以采用隔热性能比较好的材料作为建筑围护结构来减少室内能量的损耗；后者包括引入多能源供给系统来优化建筑设备系统，进一步加强现有能源系统的运行和管理，并进行精细化能源计量，减少能源损耗。

节水、节材、节地等均为节约能源的途径，如图 5-2 所示。比如，根据既有建筑的用水情况，合理地设置给排水系统，并增加漏损报警装置，尽可能选择优质的阀门和管道，并选择适合的节能用水装置，有效利用非传统水源；尽量减少装修阶段的材料应用，可以将既有建筑再生设计过程中产生的废弃材料进行有效处理后重复利用，以此来提高材料的回收利用率；对土地进行最优规划设计，提高土地利用率，同时使得建筑物与周围环境和谐共生，例如选择合适的植被来提高土地绿化率，有效地利用地下空间，将闲置建筑改造后进行再利用等。

图 5-2 能源的再设计利用

(a)景观小品;(b)节水标识;(c)个性休闲座凳

3.绿化优化

在"美丽中国""海绵城市"理念的指引下,人们日趋重视如何在高密度城市中充分应用植物材料优化环境,以弥补之前对自然的破坏。例如,立体绿化是在不破坏既有建筑自身结构和空间形态的基础上,实现在室内、屋面、露台、墙体等多个空间进行绿化的一种方式,能够改善建筑周围生态环境,提高空气质量,降低建筑能耗,还可以在寸土寸金的城市中提供园林美景甚至健康蔬菜,是未来绿色建筑的发展新方向之一,如图5-3所示。

图 5-3 立体绿化

(a)墙面绿化一;(b)墙面绿化二;(c)墙面绿化三

4.资源循环

既有建筑的再生不可避免会拆除部分建(构)筑物,由此产生的建筑垃圾如果处理不当会造成严重的自然资源消耗和环境污染。通过对施工、装修、拆除过程中产生的建筑废弃物进行分析,发现其中可回收利用的部分占比较高。我国常见的建筑垃圾处理方法有直接堆放、简单利用和资源化利用，如表 5-1 所示。

表 5-1　既有建筑垃圾处理方法

处理方法	内容
直接堆放	由于建筑垃圾会带来一系列污染问题，我国许多城市划定了建筑垃圾堆放区域。对没有经过任何处理的建筑垃圾，由专门的垃圾运输车运送到指定区域堆放。由于建筑垃圾不能自然降解，建筑垃圾堆积得越来越多，占用了大片区域，导致土地资源的浪费
简单利用	对产生的建筑垃圾进行基本的分拣，选取其中可再使用的材料用于建筑施工中，但被循环使用的材料占比较小，利用率低
资源化利用	对建筑垃圾进行简单的加工处理，使其成为新材料，用于工程项目的建设。但由于技术有限，方式比较单一，再生产品的种类不多。建筑垃圾资源化再利用的生产企业较少、总产量低、质量差，市场认可度较低，推广难，因此在工程中的应用有限

　　合理处理和利用建筑垃圾，是当前亟须解决的问题。建筑垃圾资源化利用，将为国家的发展带来巨大的社会效益与经济效益，在控制污染、节约资源和能源、优化生态环境等方面均有重要的意义。实现建筑垃圾资源化利用，应建立从建筑材料到建筑垃圾的再利用循环系统。建筑垃圾主要包括施工各个阶段产生的砂浆、混凝土、砖石、钢筋混凝土桩头、废金属、木料、包装材料等废料，各种物质的含量和利用价值不同。因此，在对建筑垃圾资源化利用的过程中，宜根据其成分加以处理和利用。

5.1.2　技术韧性的意义及特征

　　随着中国经济社会的不断发展，既有建筑的原有功能已不能充分满足现代社会的多元需求，适当引入先进的科学技术，可以让既有建筑实现可持续发展。既有建筑再生设计技术韧性应具有安全性、实用性和先进性，如

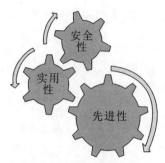

图 5-4　既有建筑再生设计技术韧性特征

图 5-4 所示。

1. 安全性

安全性是既有建筑再生的基本要求和首要目标,通过适宜技术的应用,可以保证工程安全有序进行,保障既有建筑的价值实现。

2. 实用性

实用性是技术韧性的前提与必要条件。技术措施只有便捷实用,才能获得大力推广的机会,才有可能被大范围采纳,才能真正发挥其作用。

3. 先进性

科技的发展带动了技术的不断改进。先进技术在于创新创造,创新给既有建筑再生技术系统注入新的血液,带来新的活力,让既有建筑的生命力愈发旺盛。

5.1.3　技术韧性的内容与范畴

既有建筑再生设计技术韧性涉及的范围很广,包括围护结构、能源利用、绿化优化、资源循环等。

1. 围护结构

围护结构指围合建筑能够有效抵御外界不利环境影响的构件。本书研究的主要是外围护结构,包括外墙、屋面、窗户、阳台门、外门等,对其性能作出如表 5-2 的要求。

表 5-2　既有建筑围护结构再生设计要求

性能	说明	相应措施
保温性	在寒冷地区,保温对房屋的使用质量和能源消耗具有重要作用。围护结构在冬季应具有保持室内热量,减少热损失的能力。保温性能用热阻和热稳定性来衡量	增加墙体厚度,使用保温性能好的材料,设置封闭的空气间层等

性能	说明	相应措施
隔热性	围护结构在夏季应具有抵抗室外热作用的能力。在太阳辐射热和室外高温作用下,围护结构内表面若能保持适应生活需要的温度,则表明隔热性能良好;反之,则隔热性能不佳	设隔热层,加大热阻,采用通风间层构造,外表面采用对太阳辐射热反射率高的材料等
隔声性	围护结构对空气声和撞击声的隔绝能力	墙和门窗等构件以隔绝空气声为主,墙体和楼板以隔绝撞击声为主
防水防潮性	不同部位的构件,在防水、防潮性能上有不同的要求。屋顶应具有可靠的防水性能,即屋面材料的吸水性要小而抗渗性要好。外墙应具有防潮性能,潮湿的墙体会导致室内环境恶化,降低保温性能和损坏建筑材料	为避免墙身受潮,应采用密实的材料制作外饰面;设置墙基防潮层,以及在适当部位设置隔汽层
耐火性	围护结构要有抵抗火灾的能力,常以构件的燃烧性能和耐火极限来衡量。构件按燃烧性能的不同可分为燃烧体、难燃烧体、非燃烧体。构件的耐火极限取决于材料种类、截面尺寸和保护层厚度等	构件材料经过处理后可改变燃烧性能,例如木构件为燃烧体,如果在外表面设保护层,可成为难燃烧体
耐久性	耐久性是围护结构在长期使用和正常保养维修条件下,仍能保持所要求的使用质量的性能。影响围护结构耐久性的因素有冻融作用、盐类结晶作用、雨水冲淋、干湿交替、老化、大气污染、化学腐蚀、生物侵袭、磨损和撞击等	对于木围护结构,主要应防止干湿交替和生物侵袭;对于钢板或铝合金板围护结构,主要应做表面保护和合理的构造处理,防止化学腐蚀;对于沥青、橡胶、塑料等有机材料制作的外围护结构,其在自然环境的长期作用下会老化变质,可设置保护层

2. 能源利用

既有建筑中可循环能源利用技术主要是太阳能光热系统、光伏系统及地源热泵系统,如图5-5所示。根据建筑物所属区域选择合适的可循环能源进行利用,如采用太阳能热水系统可以在一定条件下解决生活热水问题;进行外墙围护改造时可以考虑与太阳能供热制冷系统装置相结合,解决建筑采暖需求;通过太阳能光伏发电可以解决部分用电需求;建筑物周边有丰富的地下水资源时,可采用地源热泵技术满足建筑物采暖和制冷需求。

（a）　　　　　　　　　　（b）　　　　　　　　　　（c）

图 5-5　能源利用技术

（a）太阳能光热系统；（b）光伏系统；（c）地源热泵系统

在建筑领域,太阳能利用主要有两种形式,分别是光—热利用和光—电利用。光—热利用技术通过解决建筑能源消耗问题,使建筑能耗减少;光—电利用技术能够解决动力源缺失问题。这两项技术的大力推广,降低了传统能源的损耗,符合我国绿色发展、保护生态环境的基本国策。

地热能是地下能源中最丰富的非传统能源,其具有温度稳定、绿色环保的特点。地热能的应用主要体现在地源热泵系统中,用于夏季供冷和冬季供暖方面。从形式上分,地源热泵系统可以分为地表水地源热泵、地下水地源热泵、埋管式地源热泵。

风能属于清洁能源,其优势主要在于分布范围广、无污染等,但是风能受区域气候、空气流速等因素影响较大,具有不稳定性。风力发电是风能在绿色建筑中的主要应用,在建筑群中应用较广泛。近年来,城市土地稀缺,建筑容积率不断增大,相邻建筑物之间的距离缩小,导致近地面处风力较弱,故可在建筑物顶层安装风力发电设备,为绿色建筑群提供电能。

3. 绿化优化

屋顶绿化类型主要受建筑屋面荷载影响,通常根据建筑屋面荷载不同,屋顶绿化主要可分为简单式屋顶绿化、花园式屋顶绿化和地下室顶板绿化三种类型,如表 5-3 所示。

表 5-3　既有建筑再生设计屋顶绿化优化技术

绿化类型	定义及特点
简单式屋顶绿化	该种屋顶绿化是利用低矮灌木或草坪、地被植物进行绿化,不设置园林小品等设施,一般只允许专业人员维修的简单绿化。 简单式屋顶绿化以草坪、地被植物为主,可选择配置宿根花卉和花灌木进行色彩搭配,也可用不同品种植物配置出图案,结合绿化小径铺装,形成屋顶俯视图案效果。其荷载一般为 1.0～2.0 MPa
花园式屋顶绿化	该种屋顶绿化布局近似于地面绿化,根据屋顶具体条件,选择小型乔木、低矮灌木和草坪、地被植物进行植物配置,设置园路、座椅、山石、水池和亭、廊、榭等园林建筑小品,提供一定的游览和休憩活动空间。 花园式屋顶绿化以植物造景为主,宜采用乔、灌、草结合的复层植物配置方式,具有较好的生态效益和景观效果。其荷载一般为 3.0～8.0 MPa
地下室顶板绿化	该种屋顶绿化即在地下车库、停车场、商场、人防工程等建筑设施顶板上合理配置植物来进行绿化美化,是和种植屋面接近的一种特殊形式的建筑生态空间建造。 地下室顶板的覆土与地面自然土相接,不完全被建筑物所封闭围合,可进行植物造景,形成以乔木、灌木、花卉和草坪、地被植物等组成的复式种植结构,并配以座椅、休闲园路、园林小品及水池等形成永久性的园林绿化。其绿化组成和花园式屋顶绿化相似,但也要根据具体情况进行调整。地下室顶板覆土种植的荷载一般不小于 10.0 MPa

根据组成形式和安装方式的不同,墙体绿化分为贴植式和拼装式两类。贴植式是指在紧邻建筑处进行植物种植以覆盖墙面的绿化形式。根据种植植物种类的不同,可分为攀缘式和绿篱式两种。攀缘式植物墙是指在墙体周围栽植藤本植物,利用其缠绕、攀爬等特性使其在墙面或者墙面上固定的

网、拉索或栅栏上攀附生长，最终形成植物墙景观的绿化形式；绿篱式植物墙是指单独或者在墙体周围种植灌木或小乔木，以比较小的株行距密植，栽成单行或多行，紧密结合的规则的墙体绿化形式。绿篱式植物墙的缺点是遮挡高度受到植物自身种类的限制，一般在 3 m 以内，且景观相对单一，缺少变化。

拼装式是指将种植容器拼装固定在建筑墙面进行墙体绿化的方式。因为墙体类型多样，如砖墙、加气混凝土砌块墙、玻璃幕墙、混凝土墙、轻钢龙骨隔断等，需根据不同植物墙种植容器特点、不同的墙体结构及其对固定方式的要求，将植物墙与室内墙体进行连接固定。

4. 资源循环

1）资源循环的优化措施

（1）废弃木材的资源化利用

废弃木材是建设过程中较常见的建筑垃圾，可以通过分层利用的方式提高其再利用价值。首先对废弃的木材进行检查，部分木材经过简单的处理即可再次使用，部分木材可以通过特殊的加工改造后做成复合板材，不能利用的木材可以直接作为燃料。

（2）旧砖块的资源化利用

旧砖块可以经过分类后溶解、重铸，做成免烧砖，作为路基工程的水稳骨料；也可重新加工烧制为空心砖，或作为水泥原料等。

（3）废弃沥青的资源化利用

沥青路面的整体性能在使用一定时间后会有所下降，在对其进行修补和养护的过程中，会产生大量的废旧材料。废弃的沥青材料可通过分选、分离实现循环再利用，制成铺筑路面面层、基层的材料等，可节约工程项目所需的大量原材料，有利于环境保护。

（4）废弃混凝土的资源化利用

废弃混凝土常见的再利用方法是将其粉碎后，作为新型墙体材料或建筑基础垫层材料，也可或用于铺筑道路基层。比如将废弃的混凝土粉碎后，生产混凝土砌块砖、铺道砖等建材制品。废弃混凝土还可用于再生混凝土和再生水泥的生产。废弃混凝土的资源化利用，既可解决大量混凝土堆积的问题,又可节省水泥、石灰石等原材料资源。

(5)细粉料的资源化利用

建筑垃圾中的细粉料也能再利用,它是制作免烧建筑墙体材料的原料。混凝土的主要成分为硅酸盐、碳酸盐混合物。废弃混凝土粉碎后,细粉中的碳酸钙、水泥凝胶和未水化水泥颗粒可形成水化碳铝酸钙与水化碳硅酸钙,作为水泥水化晶胚和继续水化形成凝胶产物的能力。

(6)废弃塑料和玻璃的资源化利用

建筑垃圾包括废弃塑料和废弃玻璃。大部分塑料在自然环境中难以降解,长期堆积会造成严重的环境污染;如果将塑料焚烧,则会产生有害气体,造成空气污染;废弃的玻璃堆积则会带来安全隐患。因此,废弃塑料应统一回收,由专业的塑料制品公司进行加工;废弃玻璃可以重新熔解,经过再加工成为新的玻璃材料。

2)传统建筑垃圾资源化的技术工艺

利用相关技术,对建设过程中产生的垃圾进行就地筛分并粉碎,减少用于垃圾运输堆放的场地和费用,避免对环境造成破坏和污染;减少新材料的采购费用,降低建设成本。步骤如下。

(1)除杂

对废弃物进行除杂和筛分,以便筛分废弃物中的细料。人工挑拣原料中的轻物质,如木块、塑料等,并对大型物料进行破碎。

(2)破碎

首先,将原料输送至重型筛分机的破碎机内进行破碎。其次,通过设备的主输送皮带机,将破碎后的物料输送至回料筛。大于筛网规格的物料,由回料皮带机输送至料仓内,进入破碎机继续破碎;小于筛网规格的物料,由筛下皮带机输送至履带移动式筛分设备。

(3)筛分

破碎后的物料被输送至移动筛分设备的料仓内,经给料机输送到振动筛分机进行筛分处理。采用三层筛网的履带移动式筛分设备,可筛分出不同种类的再生骨料替代天然砂石,可通过改变筛网尺寸,控制产品粒径以满足不同的筛分需求。

（4）资源化处理

根据建筑垃圾处理的特点,结合不同类型建筑垃圾的物理性质及构成,开发出专门的资源化处理设备,使建筑垃圾在现场快速进行资源化处理,以便用于新建项目。

3）工艺流程的改进

（1）合理采用多级筛分工艺技术

对大块建筑垃圾进行初级粉碎处理,分离各类垃圾,创建混凝土材料与砖材料的初级骨料,再进行粉碎处理,利用磁选系统对钢筋与其他材料进行分离,做好正确的筛分处理,得到砖骨料。

（2）增加除尘环节

建筑垃圾粉碎处理时,产生的大量粉尘会污染环境,对人体也有害。在粉碎过程中,须增加除尘环节,如在进料环节设计喷洒装置,在粉碎环节使用微喷淋系统或设置除尘吸附装置等,以降低扬尘对环境和人体的伤害。

（3）重视骨料的整形处理

将硅酸钠、改性环氧树脂等融入骨料中,合理地进行裂缝填充,可保证骨料的稳定性与可靠性,充分发挥各方面技术的积极作用。在对骨料的整形处理过程中,可以使用水性聚氨酯凝胶材料。水性聚氨酯凝胶材料具有遇水乳化的特点,可以形成聚合反应,固结物的弹性较高且具有耐低温的性能。水性聚氨酯凝胶材料具有一定的弹性、膨胀止水作用,并且无毒害,不会对环境造成污染。

4）系统装置的改进

（1）进料系统

进料系统需要合理配置垃圾装卸设备、进料设备、振动给料设备、喷淋设备等,使入料传输连续流畅,以便建筑垃圾运输到破碎机中。

（2）破碎系统

根据不同的需求,破碎系统应配备不同类型的破碎设备,以便对砖材料、砂浆材料与混凝土材料进行分级破碎处理,还应添加喷淋设备,减少扬尘。

（3）筛分系统

筛分系统中须设置磁选、骨料等筛分机械设备,对金属、混凝土等材料进行合理分离。

（4）骨料整形系统

骨料整形系统中应包含凝胶喷淋与整形设备，有助于提升骨料处理的效果。

5.2 技术韧性系统的影响机制

既有建筑再生设计技术韧性是一个完整的系统，其影响因素是多方面的，包括人为因素、材料因素、机械因素、政策因素、科技因素等。

5.2.1 人为因素

既有建筑再生需要对原有建筑进行一定的拆除工作。然而在施工拆除过程中由于种种原因，一些本可以回收再利用的建材或设备出现丢失或损坏的情况，既造成了现有资源的浪费，同时造成现场环境的二次污染。此外，很多既有建筑在再生设计模式上仍以传统改造为主，主要集中在建筑的外观与功能的转变上，缺乏节约资源与保护环境的理念，导致既有建筑在后期运行中能耗过大，也影响使用者的感受。既有建筑再生设计运用绿色、生态、节能、环保的手法和技术，赋予原有建筑新的功能，同时促进建筑与自然环境的可持续发展。相较于传统模式，基于技术韧性的既有建筑再生在设计之初就充分考虑到建筑的能耗与内环境的舒适度问题，并将它们作为最基本的要求，从而使既有建筑获得真正意义上的再生。

5.2.2 材料因素

绿色建筑材料的技术性能及其不断发展为实现可持续发展提供了可能，是实现建筑韧性再生和可持续发展的关键之一。例如德国Bauhofstrasse 酒店房间模块由当地木材制成，现场安装，总计使用了 440 m³ 的木材。通过储存和替代效应永久提取了总共 880 t 的二氧化碳，所用木材补偿了二氧化碳密集型材料混凝土的使用，实现碳中和。

1. 绿色生态水泥

水泥是常用的建筑材料。传统水泥是由石灰石、砂岩、硅酸盐矿物铁粉及一些矿渣原料,按一定配比磨成细细的粉末加工而得。传统水泥在生产、运输过程中会产生粉尘污染,矿石的煅烧会产生二氧化硫等有害氧化物污染,一氧化碳、二氧化碳会产生温室气体污染等,这些难免会对自然界产生危害。绿色生态水泥的研制成功,极大地缓解了传统水泥对环境的破坏和污染。绿色生态水泥是指利用火山灰及各种废弃物(如各种工业废料、废渣及生活垃圾)作为原料制造的水泥,能够与环境相融,不会成为固体废弃物,且使用性能与普通水泥相当。绿色生态水泥能有效缓解人类对于废弃物的处理负担,节省资源、能源,实现绿色建筑倡导的人与自然和谐共生的目标。

2. 绿色建筑墙体砌筑材料

绿色建筑墙体砌筑材料的生产主要利用工业废料,一般选用粉煤灰、矿渣灰和混凝土空心砌块等原料。其中粉煤灰的来源主要是工业排放煤渣,经过简单处理就可以有效利用,一定程度上可减轻环境污染;矿渣灰是钢铁加工过程中的废弃物,可用来制造建筑用砖,不仅节能环保,而且物美价廉,能够创造巨大的经济效益;混凝土空心砌块主要是依靠粉煤灰石粉和水泥等原料加工制造而成,在原材料的获取方面占有一定优势,且经济性好,隔声效果强,在绿色建筑建造中有着广泛的应用;生态透水砖的出现与有效使用,解决了地下水源回收的问题,为海绵生态城市建设提供了有利条件。

绿色建筑墙体砌筑材料具有保温、隔热、隔声、防火、防水、防震、无毒、无害、无污染等性能,可解决传统墙体厚重、隔声效果差、节能效果不好、浪费资源等问题。

Pierre Chevet 体育馆使用大麻混凝土砌块建造,是法国第一座采用生物材料建造的公共建筑。大麻混凝土由天然废料制成,是一种高性能又环保的建筑负碳材料。工业大麻对生长环境要求低且生长周期短,每公顷工业大麻在生长时可从大气中吸收 8～15 t 二氧化碳,是二氧化碳转化生物质的优秀转换器。工业大麻在距建筑工地 500 km 的范围内种植,最大限度地减少了运输排放并帮助当地发展经济。大麻混凝土在建筑材料的整个生命周期都是环保的,如图5-6所示。

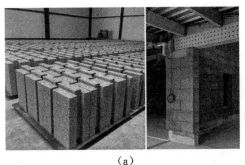

（a）　　　　　　　　　　　　　（b）

图 5-6　Pierre Chevet 体育馆

（a）大麻混凝土块；（b）体育馆外观

3. 绿色建筑玻璃

传统玻璃存在不隔声、不隔热、紫外线透射率高、寿命短、易破碎等问题。与之相比,绿色建筑玻璃不仅能够满足传统建筑玻璃的采光要求,而且拥有更多绿色建筑所要求的新功能,如减轻环境负荷、合理利用太阳能等。同时,绿色建筑玻璃在提升室内环境的舒适度、隔声降噪等方面也具有良好的性能。

4. 绿色建筑屋顶材料

按屋顶的构造层次不同,建筑屋顶材料具有不同的功能(如保温隔热、隔声、防水、防辐射、耐老化等),以保障人们的日常需求。同时,建筑屋顶是建筑的第五立面,屋顶饰面材料凭借良好的材质与丰富的色彩,可美化居民的生活空间。绿色建筑屋顶饰面材料除了具备传统屋顶饰面材料的性能,还具有延长建筑的使用寿命、吸收有害气体、抗紫外线等性能。例如,在屋面结构层和防水层间设置绿色建筑保温材料(如聚苯乙烯板、沥青珍珠岩板),能够有效降低建筑屋面导热系数,提升建筑保温层的性能,从而起到提升居住环境舒适度的作用。而且由于绿色建筑屋顶材料密度较小,能很大程度地减小建筑结构计算荷载,从而减小建筑承重结构构件截面尺寸,有效提高建筑使用面积,降低建筑结构造价,提高建筑的经济性。

5. 绿色建筑饰面涂料

建筑涂料最主要的功能是装饰和围护建筑墙体。绿色建筑饰面涂料是指具有节能、低污染、杀菌等新功能,不含有害物质,能够提升人们健康水平的新型涂料。目前,绿色建筑饰面涂料有辐射固化涂料、固含量溶剂型涂料、水基涂料、粉尘涂料、液体无溶剂涂料、纳米复合多功能涂料等。以硅藻泥为例,硅藻经长时间的沉积、矿化形成硅藻矿化物,用硅藻矿化物生产出来的硅藻泥绿色建筑涂料是一种高效的吸光材料,不产生光污染,并且可以消除空气中的静电,有效防止墙面挂灰。此外,硅藻泥新型涂料还具有吸声、保温和防火阻燃等功能。这种新型功能性绿色涂料,与传统乳胶漆涂料相比,更加健康、环保、安全。

5.2.3 机械因素

在建筑工程施工的过程中,机械设备具有重要作用,不仅能提高施工效率,还可以在很大程度上降低施工成本。如果机械设备的配置较低,其运行能力就会明显降低,导致综合经济效益无法达到预期的效果,一定程度上还会影响技术的实际应用推广,导致建筑工程建设速度下降、项目效果不佳、质量不高等。机械设备的先进性可从机械本身的技术性能、使用过程中的经济性、社会环境的协调性、人机关系(安全性、使用方便性等)四个方面进行改善和提高。

5.2.4 政策因素

面对城市化进程加快以及资源储量有限的现状,"大拆大建、用后即弃"的粗放型建设方式和"拉链式"缝缝补补的改造方式,早已不能适应新时代"高质量、绿色发展"的战略需求,推进生态绿色建筑将是城镇化与城市发展领域的重要发展方向。为此,国家颁布了一系列政策,如表5-4所示。

表 5-4 推进既有建筑绿色再生的国家政策

时间	名称	发表机构	相关内容
2013 年 4 月	住房城乡建设部关于印发"十二五"绿色建筑和绿色生态城区发展规划的通知	住房和城乡建设部	选择 100 个城市新建区域按照绿色生态城区标准规划、建设和运行；政府投资的党政机关、学校、医院、博物馆、科技馆、体育馆等建筑，直辖市、计划单列市及省会城市建设的保障性住房，以及单体建筑面积超过 2 万平方米的机场、车站、宾馆、饭店、商场、写字楼等大型公共建筑，2014 年起将率先执行绿色建筑标准；引导商业房地产开发项目执行绿色建筑标准，鼓励房地产开发企业建设绿色住宅小区，2015 年起，直辖市及东部沿海省市城镇的新建房地产项目力争 50% 以上达到绿色建筑标准
2015 年 12 月	中央城市工作会议内容	中共中央国务院	有序推进老旧住宅小区综合整治工作；推进城市绿色发展，提高建筑标准和工程质量
2015 年 12	既有建筑改造绿色评价标准（GB/T 51141—2015）	住房和城乡建设部	—
2017 年 3 月	住房城乡建设部关于印发建筑节能与绿色建筑发展"十三五"规划的通知	住房和城乡建设部	持续推进既有居住建筑节能改造；积极探索以老旧小区建筑节能改造为重点，多层建筑加装电梯等适老设施改造、环境综合整治等同步实施的综合改造模式；鼓励有条件地区开展学校、医院节能及绿色化改造试点

时间	名称	发表机构	相关内容
2017年12月	住房城乡建设部关于进一步规范绿色建筑评价管理工作的通知	住房和城乡建设部	为深入推进住建部"放管服"改革工作,更好地贯彻落实《国务院办公厅关于转发发展改革委 住房城乡建设部绿色建筑行动方案的通知》(国办发[2013]1号),进一步规范绿色建筑评价标识管理,新推进的绿色建筑评价管理工作在建立绿色建筑评价标识属地管理制度、推进第三方评价、规范评价标识管理方式、严格评价标识公示管理、建立信用管理制度、强化评价标识质量监管、加强评价信息统计和健全完善统一的评价标识管理制度方面做了较为详细的工作制定
2018年9月	住房城乡建设部关于进一步做好城市既有建筑保留利用和更新改造工作的通知	住房和城乡建设部	高度重视城市既有建筑保留利用和更新改造,建立健全城市既有建筑保留利用和更新改造工作机制,构建全社会共同重视既有建筑保留利用与更新改造的氛围
2019年6月	国务院常务会议	国务院	部署推进城镇老旧小区改造工作,顺应群众期盼改善居住条件,包括:抓紧明确改造标准和对象范围,开展试点探索,为进一步全面推进积累经验;重点改造小区水电气及光纤等配套设施,有条件的可加装电梯,配建停车设施;在小区改造基础上,引导发展社区养老、托幼、医疗、保洁等服务

时间	名称	发表机构	相关内容
2020 年 7 月	住房和城乡建设部 国家发展改革委 教育部 工业和信息化部 人民银行 国管局 银保监会关于印发绿色建筑创建行动方案的通知	住房和城乡建设部 国家发展改革委 教育部 工业和信息化部 人民银行 国管局 银保监会	绿色建筑创建行动以城镇建筑作为创建对象。到 2022 年,城镇新建建筑中绿色建筑面积占比达到 70%,星级绿色建筑持续增加,既有建筑能效水平不断提高,住宅健康性能不断完善,装配化建造方式占比稳步提升,绿色建材应用范围进一步扩大,绿色住宅使用者监督全面推广,人民群众积极参与绿色建筑创建活动,形成崇尚绿色生活的社会氛围
2021 年 5 月	住房和城乡建设部等 15 部门关于加强县城绿色低碳建设的意见	住房和城乡建设部等 15 个部门	加快推进绿色建材产品认证,推广应用绿色建材;通过提升新建厂房、公共建筑等屋顶光伏比例和实施光伏建筑一体化开发等方式,降低传统化石能源在建筑用能中的比例;构建县城绿色低碳能源体系,推广分散式风电、分布式光伏、智能光伏等清洁能源应用,提高生产生活用能清洁化水平,推广综合智慧能源服务,加强配电网、储能、电动汽车充电桩等能源基础设施建设
2021 年 7 月	住房和城乡建设部办公厅关于发布绿色建筑标识式样的通知	住房和城乡建设部办公厅	按照《绿色建筑标识管理办法》(建标规〔2021〕1 号)要求,进一步完善绿色建筑标识证书式样,增加标牌式样

5.2.5 科技因素

根据联合国环境规划署(UNEP)《2021 年全球建筑建造业现状报告》,2020 年建筑业占全球最终能源消耗量的 36%,建筑成为全球能源消耗的主要贡献者,先进的绿色科技应用可以实现建筑的可持续理念,带来较好的环境效益、经济效益和社会效益。例如,CopenHill 能源工厂和城市休闲中心的绿色屋顶解决了高处公园具有挑战性的微气候问题,在吸收热量、去除空气微粒和最大限度减少雨水径流的同时,重新形成了生物多样性景观;斜坡下方的熔炉、蒸汽和涡轮机每年将 440 000 t 废物转化为足够的清洁能源,为150 000 户家庭提供电力和区域供暖。铝砖堆叠而成的连续立面,使得日光可以透过中间的玻璃窗进入设施深处,如图 5-7 所示。

(a)　　　　　　　　　　　　(b)

图 5-7　CopenHill 能源工厂和城市休闲中心

(a)绿色屋顶;(b)能源技术

5.3　技术韧性现状的问题分析

5.3.1　安全问题

我国的既有建筑量大面广,存在建筑构件老化或失效、结构本身的安全性不足、混凝土老化、房屋倾斜、建筑结构产生各种裂缝等问题,在使用过程中还出现盲目加层改建增大房屋荷载、装修中擅自拆改房屋主体结构等行为,造成既有建筑安全隐患问题严重,甚至成为危房。此外,在重新改造再利用的过程中,还可能出现为满足新的使用功能要求而对结构进行局部拆除、改造、新增等,以及新增设备过重等问题,以上这些都严重影响了房屋的整体性、安全性和耐久性。

与新建建筑相比,既有建筑存在更多火灾隐患,具有着火容易、过火速度快、产生大量浓烟及有毒气体、扑救困难等特点。

我国的很多地区都位于地震带上,需要从各方面对地震进行有效预防。建筑是人们的生产和生活场所,提高建筑的抗震性能可以为人们提供更可靠的防护,进而为人民群众的人身财产安全提供保障。

5.3.2 经济问题

任何一个项目建造的经济投入直接关系着该项目的可行性程度,既有建筑技术再生也不例外。对既有建筑再利用是对建筑物的二次开发,因为涉及人文历史的延续及结构功能的转变和置换,它的经济效益与社会环境因素相关联而变得更加复杂,有较强的不确定性。由于不同既有建筑所处的地理位置不同,建筑本身的物理状况和结构形式各异,更新改造的技术方法也就不尽相同,因此既有建筑再生的成本存在较大的差异。

5.3.3 社会问题

参与我国早期既有建筑再生设计领域研究实践的主要是建筑学科和城市规划学科的相关人士,决策部门、民众及社会团体参与甚少,很难关注到居民的真正需求。而且,人们一般比较关注历史悠久、承载深厚文化的建筑类型,对于其他既有建筑的认识比较片面,对其所承载的社会价值和历史文化往往没有深刻体会。此外,既有建筑还存在产权关系错综复杂、经济供给单一、规范制度不完善等问题,这些被忽视的既有建筑长时间得不到改造更新,使得很多居住在老城区、老建筑里的居民生活环境不舒适甚至存在安全隐患,亟须通过技术手段(如加固、增加保温、智能化等)进行更新,提高人居环境的宜居性。

5.3.4 环境问题

当前,绝大部分既有建筑都是"非绿色"的存量建筑,在建设时期和使用过程中,存在资源消耗偏高、环境负面影响偏大等问题,内部功能和环境也存在很多不足。随着绿色建筑研究的深入与技术的逐步完善,作为提升建筑韧性的有力方法,既有建筑在技术层面的绿色改造可节约利用资源、降低碳排放,同时提高建筑的稳定性、舒适性和安全性,为人们提供健康、实用和高效的使用空间。

上海当代艺术博物馆由上海世博会城市未来馆改扩建而成,而城市未来馆的前身则是建成于 1985 年的上海南市发电厂主厂房。发电厂主厂房改造时,极为注重建筑与能源生态技术的结合,改造设计时引入水力发电、太阳能发电、风力发电等清洁能源技术,成功打造了国内首座由闲置工业建筑改造的"三星绿色建筑"。

5.4　技术韧性优化与设计策略

既有建筑技术韧性的加强与优化是一个漫长的过程,根据当前已有的技术设备与技术经验,针对建筑的不同状况,综合考虑经济、安全、文化、绿色等因素,实施不同的建造技术改造策略。

5.4.1　加固技术

常见的既有建筑加固技术包括地基加固技术、钢丝网片加固技术、体外预应力加固技术、增大截面加固技术、粘钢包钢加固技术、粘贴碳纤维加固技术及抗震加固技术等。

1. 地基加固技术

当既有建筑的地基需要加固时,应结合结构现状,选取适合的地基加固技术,常见的有锚杆静压桩法、树根桩法、坑式静压桩法、石灰桩法、注浆加固法等,如图 5-8 所示。

1) 锚杆静压桩法

锚杆静压桩法是利用锚杆的抗拔力将预制桩或钢管静压入土体内的方法。增强既有建筑的原地基承载力可以通过提高桩承载力来实现,当原承台承载力不足时可以选择加固,也可以将承台的悬挑梁作为压桩。这种加

图 5-8　地基加固技术

(a)锚杆静压桩法；(b)树根桩法；(c)石灰桩法；(d)注浆加固法

固技术适用于淤泥、淤泥质土、黏性土、粉土和人工填土等地基的加固。

2）树根桩法

当采用树根桩法对既有建筑的地基进行加固处理时，树根桩的直径宜为150～300 mm，桩的长度不宜超过30 m，可采用直桩型或网状结构斜桩型进行布置。这种加固技术适用于淤泥、淤泥质土、黏性土、粉土、砂土、碎石土及人工填土等地基的加固。

3）坑式静压桩法

坑式静压桩法的桩身直径宜为150～300 mm的开口钢管或边长为150～250 mm的预制钢筋混凝土方桩，每节桩长可按既有建筑基础下坑的净空高度和千斤顶的行程确定。坑式静压桩法适用于淤泥、淤泥质土、黏性土、粉土、湿陷性黄土和人工填土且地下水位较低的地基的加固。

4）石灰桩法

石灰桩法适用于加固地下水位以下的黏性土、粉土、松散粉细砂、淤泥、淤泥质土、杂填土和饱和黄土等地基,对于一些比较重要的工程或者地质条件比较复杂而又缺乏经验的地区,加固前应通过现场试验确定其适用性。

5）注浆加固法

注浆加固法适用于砂土、粉土、黏性土和人工填土等地基的加固。注浆加固法又分为渗透注浆加固法、劈裂注浆加固法和压密注浆加固法三种类型。

2. 钢丝网片加固技术

砖混结构和底框结构主要采用钢丝网片加固技术,将钢丝网片加在墙的侧面,并喷射混凝土或粉刷水泥砂浆,可以达到加固墙体的目的。既有建筑的墙体大多为砖墙,墙体强度不高,抗震性能差,所以使用此方法对墙体进行加固处理,可以保证既有建筑的使用寿命延续,且效果良好,如图5-9所示。

图 5-9　钢丝网片加固技术

图 5-10　体外预应力加固技术

3. 体外预应力加固技术

采用体外预应力加固技术要求结构或构件的混凝土强度等级不低于C20,同时,对于新增的预应力拉杆、锚具、垫板、撑杆、缀板及各种紧固件等,均应进行可靠的防锈蚀处理,如图5-10所示。体外预应力加固技术应用于钢筋混凝土结构或构件的加固时应注意:①对于连续梁和大跨简支梁的加固,可以采用无黏结钢绞线作为预应力下撑式拉杆;②对于一般简支梁的加固,通常以普通钢筋作为预应力下撑式拉杆;③对于柱的加固,通常以型钢作为预应力下撑式拉杆。

4. 增大截面加固技术

增大截面加固技术适用于钢筋混凝土受弯构件和受压构件的加固。加固时应采取措施卸除全部或大部分作用在原混凝土结构上的活荷载。同时,新增截面部分可用现浇混凝土、自密实混凝土或喷射混凝土浇筑而成,也可用掺有细石混凝土的水泥基灌浆料灌注而成。这种技术相对成熟,安全系数较高,各种环境都适用。梁柱构件、板、墙等其他构件均可使用增大截面加固技术,如图 5-11 所示。

图 5-11　增大截面加固技术　　　　图 5-12　粘钢包钢加固技术

5. 粘钢包钢加固技术

粘钢指粘贴钢板,既有建筑原有构件的承载力主要靠钢板和构件之间的黏结力来加强,大多用来加固混凝土构件,比如梁、板之类。包钢是指在加固构件表面外包型钢。型钢与被加固构件之间灌注结构胶,采用化学锚栓、对穿螺杆、胀栓等措施,使型钢和被加固构件共同受力,协调变形。粘钢包钢加固技术一般用来加固混凝土梁、柱构件,如图 5-12 所示。

6. 粘贴碳纤维加固技术

粘贴碳纤维加固技术一般是采用环氧树脂或专门结构胶将碳纤维布或板直接粘贴在混凝土构件表面,使之与构件形成受力整体。由于碳纤维方便裁剪和施工,而且不需要大型施工机具及周转材料,相比其他方法可以很好地缩短周期,节约成本。在改造空间过小的情况下,这种方法可以展现出极大的优越性。

7. 抗震加固技术

抗震加固技术的使用目的是提高既有建筑结构的整体抗震强度和变形能力。目前，既有建筑抗震加固技术大致分为四种：改变既有建筑结构的受力体系或增加既有建筑结构的整体性，比如增加剪力墙、柱、圈梁等混凝土构件的数量；以卸荷的方式改善既有建筑结构的抗震性能，比如减少墙体的重量；消能减震技术和隔震技术这两种措施属于抗震新技术，方法简单，无特殊的维护要求，不影响既有建筑的结构布局，因此在既有建筑抗震加固技术的应用推广上前景广阔。

5.4.2 消防技术

既有建筑消防技术的改造应体现在建筑防火、消防设施和消防管理方面。建筑防火指从建筑材料选择、平面布局、防火防烟区设置、安全疏散等入手，建立完善的建筑防火屏障，并从防火墙、防火卷帘、防火排烟阀、防火门窗、防火玻璃及防火分隔水幕等多个方面将防火分隔技术应用到既有建筑中；消防设施是发生火灾时能及时报警、及时处理、提供充足灭火剂的各种相关设施，包括自动报警系统、消火栓系统和自动灭火系统等；消防管理是增强消防安全宣传，把控消防规范要求，形成小型化、分散式的安全系统，以及全民重视、高效安全的管理体系。小型化消防系统如图 5-13 所示。

(a)   (b)

图 5-13 小型化消防系统

(a)社区消防设施；(b)微型消防站

1. 建筑防火

建筑防火要提升对结构耐火性的控制,需要结合既有建筑的结构与布局形式等因素,合理划分防火区。对于主要的建筑构件,应通过核算其耐火极限,来制订相应的防火保护措施,将火势或是烟气蔓延限制在一定区域范围内,以降低建筑用户的生命财产损失。根据现行的《建筑设计防火规范(2018年版)》(GB 50016—2014),对不符合防火分区要求的既有建筑重新进行分隔,无法修建防火墙的可以根据情况使用防火卷帘等活动设施。此外,要确保建筑的安全疏散通道的通畅,严格按规范要求补建疏散出口,加宽疏散宽度,设置防火门、疏散应急照明、指示标志等。

可燃物是建筑防火的关键因素。应结合既有建筑现状确定可燃物类型、数量及分布,进行优化控制;按规范提高建筑耐火等级,对于建筑火灾危险性大的场所(配电房、发电机房)可补建防火墙;设计过程中尽可能选用不燃或是难燃的建筑与装修材料;对于不可避免使用可燃材料的情况,应通过阻燃防火处理,如采用防火板材、防火涂料及防火封堵材料等,来提高燃烧性能的等级。

2. 消防设施

根据既有建筑使用性质,必须有相应类别、功能的消防设施作为保障,限制火灾蔓延的范围。消防设施具体包括防火分隔、火灾自动(手动)报警、防火漏电报警器、电气与可燃气体火灾监控、自动(人工)灭火、防烟与排烟、消防通信,以及安全疏散、应急照明、消防电源保障等。要从消火栓的间距和型号、消防水箱、稳压泵、消防水池、水泵接合器等入手,对既有建筑的消火栓系统进行改造。在人员密集、不易疏散、外部增援灭火与救生困难的场所中设置自动喷水灭火系统是有效的灭火措施。建筑消防设施如图5-14所示。

3. 消防管理

根据现有条件成立完善的消防管理机构,建立严格的管理制度,从根本上增强人们的消防意识,特别是保证老旧公共建筑、住宅建筑消防通道的通畅,设置专门的机构保证消火栓系统、自动灭火系统、报警系统的正常运行,对消防设施设置专门的人员进行规范管理,如图5-15所示。

（a） （b）

图 5-14 建筑消防设施

(a)建筑内消防系统;(b)消防栓

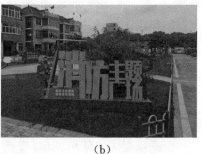

（a） （b）

图 5-15 建筑消防管理

(a)智能化消防监控;(b)消防宣传广场

以物联网、云计算和大数据分析为标志的智慧消防技术的研究和应用,已成为改进建筑消防设施的一个新趋势。智慧消防技术综合运用信息和系统工程技术的手段,感测、分析、整合消防组织运行的各项关键信息,对灾害预防、灾害预警、灾害响应和应急处置、救援、善后等活动的各种需求作出人性化的智能响应。

5.4.3 本土建造技术

不同时期的既有建筑具有不同形式的美,代表着不同阶段的建造技术和水平。因受到地域、气候、地貌和文化特性的影响,很多既有建筑带着浓郁的本土特色。本土材料一般指地区环境中的自然材料,如木材、石材、生土等,还包括一些经过基本加工所得的建筑材料,如砖、瓦等。本土材料更加适应当地的气候环境,且取用方便。在对既有建筑进行再生设计时,需要充分考虑资源的循环利用以及本土材料的使用,并挖掘本土建筑技术,例如材料技术、结构技术和构造技术应用于修缮加固和保护利用过程中将带来极大的经济效益,也能保留和传承既有建筑本身的功能和价值。

北京草厂头条 3 号院的改造就采用了"堆灰揎浆"这一颇具清末民国时期特色的工艺技术。尖楞、尖角的边缘因浆液的附着而都变得圆润。院落房屋外立面的修缮延续使用青砖、青瓦,入户院门由红色改为古香古色的原木色,使院落整体更符合传统建筑风格,如图 5-16 所示。

(a)   (b)

图 5-16 北京草厂头条 3 号院改造后

(a)保留院门;(b)院落风貌

既有建筑的再生设计可以将传统建筑材料、传统建造技术与新技术、新材料相结合,创造新的构造技术和材料。这样不仅能延长既有建筑使用寿命,提高材料的稳定性,还能保留传统文化的魅力,满足使用者新的需求,实现可持续发展。

在南京江宁东龙村建筑的改造更新中,设计师通过植入钢结构,利用小尺寸结构构件创造出室内大空间,满足复合功能的使用要求;保留原有厂房的沼气罐,延续了当地居民的集体记忆;在结构、立面和构造节点的设计中,使用砖石和竹木等乡土材质配合轻质钢材、铝材等现代材质,建构出既具在地性又满足当代生活需求的空间,探索了一种既能满足现代化的功能需求又不抹杀乡村文化特征的方式。

对于传统建造技术的传承,专业技能人员必不可少。要增强全社会对于传统建筑技术传承的责任感,建立相应的技术操作规划及量化指标,以便相关人员科学化、程序化和明细化地学习传统技术。需加紧对建筑技艺的抢救和整理工作,把一些濒临失传的技术(如工艺流程、材料配方等),以文字、影像等形式保护起来,进一步完善传承人机制。

5.4.4　绿色节能技术

随着环境问题的日益突出,人们的环保意识不断提升,以绿色节能为核心的建筑设计理念得到了广泛的推广和应用,并成为现代建筑设计中所需要考虑的重要内容之一。节能技术在既有建筑再生利用过程中的应用能够有效降低建筑成本,优化空间,降低建筑的整体耗能,减少对自然环境的破坏,实现人与自然的和谐共存。

1. 能源资源利用

1)太阳能采暖系统

太阳能作为可再生的清洁能源,是一种能够直接提供热量的能源。可以将太阳能应用于既有建筑再生过程中的采暖系统,例如将太阳能供热制冷系统装置结合到外墙围护改造中,解决建筑采暖需求。目前常见的有直接受益式太阳能采暖和集热蓄热墙式太阳能采暖两种。

2)太阳能热水系统

在我国太阳能光热利用领域中应用范围最广的就是太阳能热水系统。太阳能热水器利用光热转换原理,通过太阳能集热器聚集太阳的辐射热将储水箱中的水循环加热,以满足人们在生产生活中对热水的需求。与传统的燃气热水器与电热水器相比,太阳能热水器具有明显的节能环保效果。

3)太阳能光电的利用

太阳能热发电和太阳能光伏发电是太阳能光电利用的主要形式。前者是通过集热装置集中太阳辐射的热能,经热传输系统将热能传输给热机,从而带动发动机发电,该技术在建筑领域应用较少;后者则利用"光伏效应"原理,将照射于半导体材料上的光能直接转化为电能,技术相对成熟,可以结合既有建筑的屋面与立面进行统一设计。

4)光导照明系统

光导照明系统是一种环保、健康、无能耗的绿色照明技术。光导照明的效果会因光线入射角的变化而发生改变。与自然采光相比,光导照明系统射出的光线不会产生局部聚光和眩光的现象,光线更为均匀。通过将光导照明构件安装在屋顶或地面,可以更好地给室内或地下室提供照明效果;还可以在建筑外墙上安装光导照明构件,通过侧面采光的方式将自然光引入室内。

5)水资源的利用

在水资源利用方面,应从节约用水与保护环境的角度出发,合理地设计既有建筑的给排水系统。常见的水资源利用技术有中水回用技术、雨水利用技术等。可利用非传统水源和更换生活用水器具的方式,将经过系统处理后的中水用于工业、农业以及市政道路冲洗等方面,有效减少自来水用量;通过雨水渗透技术将雨水收集后经过滤装置用于建筑的消防、景观用水等。

在美国纽约州,BarlisWedlick 建筑设计事务所将某谷仓改造成住宅。谷仓的改造设计秉承了被动式节能技术的原则,改造后的谷仓变身成一栋单体住宅。谷仓屋顶上设置集成太阳能电池板,这些太阳能电池板能够为整个场地上的多栋建筑供电。除此之外,谷仓前的室外游泳池是一个天然泳池,其中的池水是过滤室外水景花园中的水得到的。住宅中还包括一个绿色屋顶车库以及一套能源监测系统,这套系统可以持续跟踪与掌控住宅的耗能情况。改造的住宅如图 5-17 所示。

2.材料再利用

建筑与工业、交通并列为我国三个耗能大户。建筑的碳排放大部分来自其从制造、交付到组装过程中所用到的材料。将现有的建筑材料回收,寻找一个创造性的方法来重新利用,可显著降低能耗,减少在加工原始材料时所额外排放的碳,同时也是对传统文化和地域特色的传承。

（a）   （b）

图 5-17　美国纽约州某谷仓改造的住宅

（a）外部自然泳池；（b）室内空间

　　越南胡志明市的一家素食餐厅是由一座住宅改造而成的。设计师将收集来的旧窗户用作主要材料,给该餐厅打造出一个与众不同的外观。由于通风良好,这种类型的百叶窗已经在越南有着几十年的使用历史了,现在经过重新排布,不仅为建筑带来跳跃、亮眼的颜色,同时也能使其融入周围环境,如图 5-18 所示。

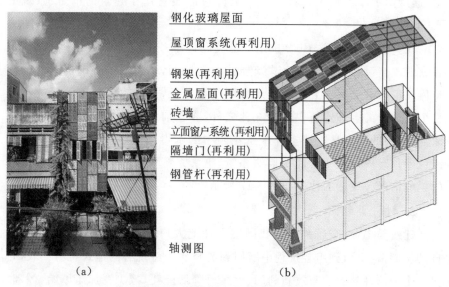

钢化玻璃屋面

屋顶窗系统（再利用）

钢架（再利用）

金属屋面（再利用）

砖墙

立面窗户系统（再利用）

隔墙门（再利用）

钢管杆（再利用）

轴测图

（a）   （b）

图 5-18　越南胡志明市某素食餐厅

（a）建筑外观；（b）结构分解

3.围护节能技术

建筑围护结构所占能耗份额较大,因此对其进行节能改造是既有建筑绿色改造的重要部分。可通过增加外墙保温层、设置背通风外墙以及墙面绿化等方式,减少既有建筑外墙能耗。外窗改造采用低辐射中空玻璃窗、双层窗等气密性好、传热系数低的外窗替换原有热工性能差的窗户。对于既有建筑屋面,可采用增加保温层、屋顶通风和屋顶绿化等方式,提高屋面的保温和防水功能,降低建筑物运营能耗等。

要注意的是,我国地域广阔,气候和环境复杂多变,建筑节能应充分尊重当地的自然条件。例如,南方夏天很热,太阳辐射使室内骤然升温,可采取在窗户外面安装遮阳窗的办法;而在北方,室内外温差较大,使用一些保温材料阻止热交换显得更加重要。

4.其他

由于建造年代比较久远,很多既有建筑空间在通风、采光、隔声等方面存在缺陷,可以通过空间的改造和功能腔体的植入两种方法来实现优化。例如,可增加边庭、中庭和采光井等空间改善建筑物内部的声、光、热和风环境,从而降低建筑能耗,获得舒适的室内环境。

5.4.4 智能化技术

在既有建筑再生设计进程中,实施数字化、网络化、智能化再生设计和管理,通过建立技术更先进、管理更科学和综合集成度更高的控制系统,实现所有智能设备和系统信息的互联互通和远程共享,使智慧建筑能全面感知、可靠传送和智能处理建筑物内外人、物、环境的各种信息,从而实现物与物、人与物的连接,实现智能化识别、定位、跟踪、监控和管理,推进建筑节约能源、提高能效、减少碳排放和污染,是建筑业发展的方向和目标。

1.智能化安全监控

智慧化建造和监测满足建筑施工改造建设中的高效、节能、经济、安全需求,解决传统建造中的人力投入量大、工作效率低、施工周期长等问题。例如,利用 BIM 技术对建筑智能化工程施工进行动态化的管理,可以实时查看施工的实际情况,包括材料的进场、人员的调整、设备的运行等,还可以协调不同工种之间的工作,使施工现场井然有序。

　　智慧建筑通过对建筑及环境的全面感知,可对建筑结构的安全性进行实时健康监测,对运行过程中的异常情况进行预警和干预,确保建筑的使用安全。例如,深圳福田区住房和建设局与相关街道办推出既有建筑智慧管理新模式,综合应用 BIM、大数据、云计算、人工智能等技术,对福田全区既有建筑安全特别是幕墙建筑实现智能管控,建立了建筑信息数据收集渠道,获取建筑的外观、尺寸、类型、构造等档案类信息,并将建筑全生命周期集成至政府综合数据平台,以达到对城市建筑"高效率、高保真、高科技"的智慧化管控,如图 5-19 所示。

PAD平台　　　　Windows&MAC平台　　　　手机平台

图 5-19　深圳福田区建筑智能化监控平台系统

　　2. 智能化设施管理

　　建筑智能化管理可利用信息通信技术、互联网技术、物联网技术、监控技术对建筑和建筑设备进行自动检测、控制优化以及信息资源的管理,实现对建筑物的智能控制。

　　例如,智慧门禁已将传统的 IC 卡开门方式升级为身份证、指纹、二维码、人脸识别等多种认证方式;智慧停车(共享车位锁、车位识别、车位引导和智能道闸等)技术为改善停车问题提供了很大的帮助;大多数智能家居都配备了各种物联网设备、集线器和传感器,可通过家庭网络、网关进行通信,如图 5-20 所示。

　　3. 智能化功能再生

　　在城市更新项目中,智慧科技将根据新的设计定位为既有建筑和场地赋予新的功能和特色。例如,通过打造智能科技,逐步实现 AI 技术应用,使

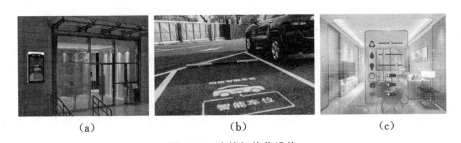

图 5-20　建筑智能化设施

(a)社区门禁系统；(b)智能停车；(c)智能居家系统

得很多旧厂区、旧商业区等实现面向未来的可持续发展。

北京首钢园利用 AI 技术，设置了科技冬奥、智慧园区、自动驾驶、智能机器人、智能制造、AI 创新应用示范展厅等。自动驾驶和智能网联服务技术将广泛应用到园区的智慧交通中；智能机器人将为园区酒店服务，提供智能安防、智能制造等，如图 5-21 所示。

图 5-21　北京首钢园智能化产业改造

(a)科技产业；(b)扫地机器人

6

既有建筑再生材料韧性分析

既有建筑再生设计中材料是项目抵御不良扰动能力的基础和前提。对材料的组成和性能进行分析,充分利用既有材料,积极引进新型材料,围绕资源能源消耗、废弃物排放和材料成本等方面进行全方位提升,对于规范既有建筑再生设计具有重要意义。

6.1 材料韧性的认知框架构成

6.1.1 材料韧性的概念与内涵

材料韧性主要是指材料在受到外界的冲击或者振动荷载作用下,产生变形但不被破坏的性质。建筑材料的种类、构造及使用方法,会对工程项目的耐久性、适用性等产生一定的影响,进而影响建筑工程的质量。

既有建筑再生设计中材料韧性主要研究当建筑受到外部环境干扰时,建筑材料能够在短时间内适应新环境的同时保持或恢复其原有功能状态的能力,如图 6-1 所示。韧性好的建筑材料可以有效抵抗风霜雨雪等外部荷载的干扰,并且保持原有功能状态不被破坏,使建筑长久保持活力,提高建筑的生命周期,更好地发挥建筑的实际价值。韧性差的建筑材料,随着时间的流

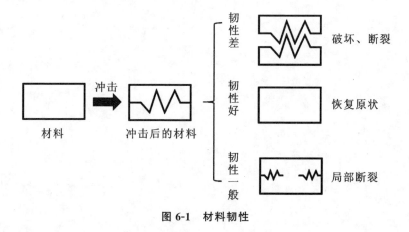

图 6-1 材料韧性

逝,在外部荷载作用下逐渐腐蚀风化,使建筑出现楼板裂缝、墙体裂缝或者外表面装饰石材脱落等问题,缩短建筑寿命,如图 6-2 所示。

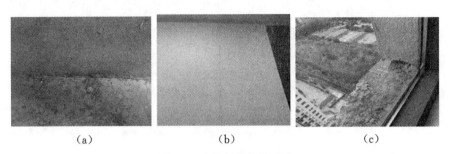

（a）　　　　　　　　（b）　　　　　　　　（c）

图 6-2　建筑材料韧性不足

(a)楼板裂缝;(b)墙体裂缝;(c)外表面装饰石材脱落

6.1.2　材料韧性的意义与特征

既有建筑再生设计可以有效减少资源浪费和环境污染,符合新时代社会可持续发展的目标。材料作为再生利用阶段必不可少的组成部分,提升其韧性的意义相当重要。据相关统计,我国建筑业每年钢材和水泥的消耗量占世界总量的五分之二,然而我国建筑的平均寿命却只有三十年左右。建筑在短时间内重建,不仅加大了各种资源、能源的消耗与浪费,碳排放量更是成倍增长。如若在建筑建造阶段选择韧性更好的材料,可以有效提升建筑的抗干扰能力,延长建筑的生命周期,减少建筑的资源浪费,减少环境污染,减少碳排放量。既有建筑再生设计中材料韧性的特征主要表现在时代性、适应性和恢复性等方面。既有材料的适应性再利用,是指将符合时代发展的新型材料引入,在受到外部干扰作用后,既有建筑能快速恢复原有的功能和形态。

6.1.3　材料韧性的内容与范畴

材料韧性的实现需要多方面要素综合协同,主要包括三个部分,如图 6-3 所示。

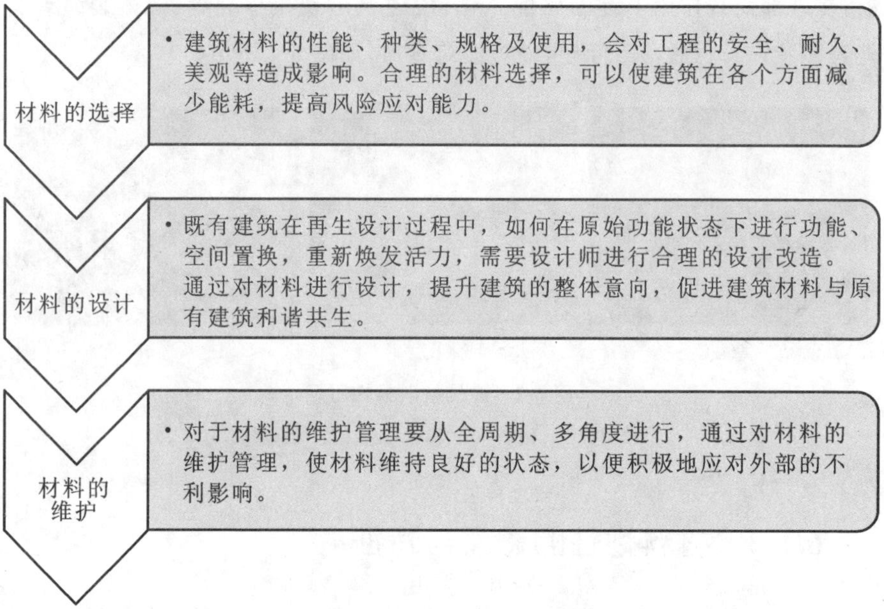

材料的选择 • 建筑材料的性能、种类、规格及使用，会对工程的安全、耐久、美观等造成影响。合理的材料选择，可以使建筑在各个方面减少能耗，提高风险应对能力。

材料的设计 • 既有建筑在再生设计过程中，如何在原始功能状态下进行功能、空间置换，重新焕发活力，需要设计师进行合理的设计改造。通过对材料进行设计，提升建筑的整体意向，促进建筑材料与原有建筑和谐共生。

材料的维护 • 对于材料的维护管理要从全周期、多角度进行，通过对材料的维护管理，使材料维持良好的状态，以便积极地应对外部的不利影响。

图 6-3　既有建筑再生设计材料韧性的实现

1. 材料的选择

每一种材料都有它独特的物理特性和质感，有其自身的优缺点和使用范围。建筑在选材时应从功能、造价、施工技术等多方面综合考虑。合理的材料选择可以使既有建筑提高舒适性，减少能耗，增强应对风险的能力，也能传承文化，保持风貌统一性。例如，选择透水性好的材料修建渗透通道和排水沟，可增加地下水的渗透，减小基础墙承受的压力，有效地避免水泄漏等问题；选择透水性差的材料作为建筑的围护系统，可以防止外部雨水渗透进入建筑内部，提高建筑的防水能力。

既有建筑再生设计中材料优先选择本土建材或原有材料，既节约资源和经济成本，又使建筑更加具有地域性、文化性；还可适当引入新型节能材料，如墙体可采用轻质隔墙材料、石棉板、空气砌块砖等，这些材料具有导热系数小、保温隔热性能好、自重轻、施工速度快等优点，如图 6-4 所示。

（a）　　　　　　　　　　　　　　　（b）

图 6-4　建筑材料选择

（a）空心砌块砖；（b）当地石材

2.材料的设计

再生设计过程中，丰富多彩的建筑材料和新的施工工艺给建筑师提供了更多的选择，给建筑师的空间表现提供了更多的可能性，充满创意的材料设计会使建筑更加具有活力。日本著名建筑师安藤忠雄说过："任何材料只要正确地加以运用就能熠熠生辉，同时揭示出材料的真实性。"

设计人员可通过表达建筑细部的结构构造或表现材质本身的特质来展现材料的真实性能，例如将砖、混凝土、不锈钢等材料直接展示在人们面前，如图 6-5（a）所示。不同材质的肌理组合可通过调和或对比来展现，好的材料设计可以使建筑表皮更加统一、协调。如图 6-5（b）所示，建于 1928 年的香港半岛酒店，原有建筑属于新古典主义风格，新建部分既尊重了原有建筑的比例、韵律、色彩和肌理，又含蓄地对幕墙、玻璃、铝板等现代材料进行了处理。不同材料的综合运用，体现了传统与现代的融合。

3.材料的维护

我国既有建筑面积超过 5×10^{10} m^2。由于建设年代久远，加之我国规范体系长期存在"重设计、轻维护"的问题，已有相当比例的既有建筑存在材料

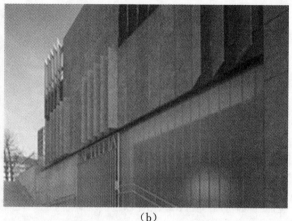

(a)　　　　　　　　　　　　　　　　　　　(b)

图6-5　建筑材料的设计

(a)上海同济大学建筑与城市规划学院大楼；(b)香港半岛酒店

性能退化、抗风险能力不足的情况，需要对其进行维护管理，使其具有与城市系统相协调的抗风险韧性。此外，通过维护管理，可以更好地缓解既有建筑拆除比例过高及其带来的资源环境压力，为我国的新型城镇化建设与可持续发展提供支撑。

为提高建筑材料的韧性，使材料维持良好的状态，积极地应对外部的不利影响，材料的维护管理要从全周期、多角度进行设计。例如，在温度较高和热岛效应明显的城市，可使用一些降温手法，降低建筑屋顶以及围护结构的温度，缓解材料的热压力；对于一些风霜雨雪较多地区的建筑，采取合适的防护措施，如加设外部挂件，可减少对建筑材料的破坏；及时更新替换已经被破坏的材料，避免引起连锁反应。

6.2　材料韧性系统的影响机制

6.2.1　材料力学性能

材料的力学性能是指材料在受到外力的作用下，抵抗破坏和变形的能力。力学性能是选用建筑材料时首要考虑的基本性质,其对建筑的正常、安全及有效使用是至关重要的。材料的力学性能主要包括以下五个方面,如图6-6所示。

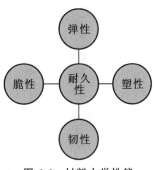

图6-6 材料力学性能

1. 弹性

材料在外力作用下发生变形,当外力取消后能够完全恢复原来形状的性质称为弹性,这种变形称为弹性变形。

2. 塑性

材料在外力作用下发生变形,当外力消失后,材料不能恢复到原来形状但不产生裂缝的性质称为塑性。这种不能恢复的变形称为塑性变形,塑性变形属于永久性变形。

3. 韧性

材料在冲击荷载或振动荷载作用下,能吸收较大的能量,同时产生较大的变形而不被破坏的性质称为韧性。具有韧性的材料称为韧性材料,目前比较典型的韧性材料包括建筑钢材、木材、塑料等。

4. 脆性

材料受到外力作用,当外力达到一定限度时,材料发生突然破坏,且破坏时无明显塑性变形的性质称为脆性。具有脆性的材料称为脆性材料,如石材、烧结普通砖、混凝土、铸铁、玻璃及陶瓷等。脆性材料具有抗压能力强、抗冲击及承受动荷载能力差的特性,故在建筑中常用于承受静压力作用。

5. 耐久性

材料的耐久性是指材料使用过程中,在内、外部因素的作用下,不破坏、不变质,保持原有性能的性质。材料的耐久性是一项综合性质,包括抗冻性、抗渗性、抗风化性、耐磨性、大气稳定性、耐化学侵蚀性、强度等。

由于材料的耐久性直接关系到建筑物的安全和成本,因此要提高建筑物的寿命,应做到:一方面依据工程的重要性,合理选材、用材;另一方面采取相应的保护措施,提高材料的表面密实度,增加保护层,提高材料的耐久性。

6.2.2　既有材料的应用

1. 传统材料

当下人们越来越关注建筑的生态环保特性,砖、土、木、石等传统材料取自自然,从取材、加工、建造到回收利用的全寿命周期内,对外界环境的不良影响比较小,在环保方面具有很大优势。且这些天然材料可再生、可回收、可循环,构成了当前建筑生态可持续发展的关键要素,如图 6-7 所示。

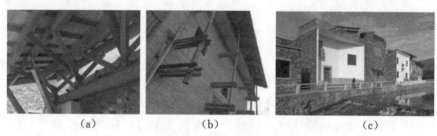

（a）　　　　　　　　　（b）　　　　　　　　　（c）

图 6-7　传统建筑材料

（a）木材;（b）生土;（c）石材

1）木材

木材与钢材、水泥并称为三大建筑材料,是一种可再生生物质材料。木材具有许多优点:①强重比高,木材的弹性模量(材料抵抗变形的能力)为钢筋混凝土的 1/3～1/2,质量却只有钢筋混凝土的 1/8～1/6;②加工方便、成品方式多样、易结合;③具有良好的保温隔热材料,要达到同样的保温效果,木材需要的厚度是混凝土的 1/15、钢材的 1/400;④具有很好的弹性和塑性,以及优良的抗震性能等。

2）生土

生土是各类岩石在气候、植被、地形坡度和时间等因素综合作用下风化的产物。作为传统建筑材料,生土材料具有诸多优点:①取材方便、制作工艺简单、可塑性强;②具有隔热和蓄热双重功能,适用于被动式节能设计;

③具有良好的隔声性能；④具有良好的调节空气湿度的能力；⑤含有大量有益于人体健康的微量元素，可以预防各种疾病的发生。

3）石材

石材是使用历史悠久的建筑材料之一，与其他传统建筑材料相比，石材具有独特的优点：①坚固耐久，具有良好的抗压强度及硬度；②具有良好的防渗、防潮能力；③受酸碱、雨水、风化作用等影响较小；④天然寿命很长，可回收且可重复利用。

2. 现代材料

18世纪，钢筋混凝土及框架结构的出现为建筑的多样性发展带来更多操作空间，同时，新的技术工艺在传统建筑材料上的运用也有很大的提升。现代建筑材料主要的优点有：第一，可以满足高度以及跨度的更高要求；第二，保温、保湿、隔热等性能更加优良；第三，丰富的颜色、质感、形式为建筑设计提供更多可能性。现代建筑材料主要有以下几种。

1）陶土材料

天然陶土经过现代科技的加工、打磨以及后期制作，可以组成吸水率不超过10%的陶土制品（如陶板、陶砖、陶棍等），具有绿色环保、隔声透气、色泽温和、应用范围广等特点。陶板在建筑中的应用如图6-8所示。

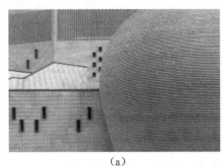 

　　　（a）　　　　　　　　　　　　　　（b）

图6-8　陶板在建筑中的应用

(a)陶板材料；(b)建筑外墙采用陶板

瑞士著名建筑师马里奥·博塔在中国的第一个实践作品——上海衡山路十二号华邑酒店，其外墙材料主要采用陶板。运用幕墙开放干挂体系，相同的陶板以不同角度进行排列,呈现了红砖立面统一又变化丰富的风格。陶板的尺寸保留了红砖作为砌筑单元的小尺度感觉,整体呈现出细腻且具质感的风格。

2)金属

金属具有良好的延展性以及较好的质感和色感。金属材料在建筑中的运用主要集中在两个方面:一方面是金属材料与其他建筑材料相互组合,比如乌镇大剧院采用了金属、玻璃和传统青砖的组合;另一方面是金属材料直接应用于建筑构造,如西班牙毕尔巴鄂古根海姆博物馆,金属材料凭借本身的铸造特性,在创造出不一样的建筑外立面的同时引导空间的流动和变化。金属在建筑中的应用如图 6-9 所示。

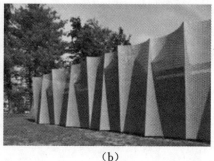

(a)   (b)

图 6-9　金属在建筑中的应用

(a)金属屋面;(b)金属装饰材料

3)玻璃

玻璃作为建筑材料具有独属的特性:①施工便捷;②可结合图案、透明度、样式等进行多样化设计;③可以复合加工,通过镀膜或夹层等获得更好的性能;④轻盈且透明。根据建筑的性质和功能,选择相应的玻璃加工工艺,采用透光不透影的 U 形玻璃、色彩丰富的彩釉玻璃等,既可以展现技术的精湛,又可以突显美学内涵。玻璃在建筑中的应用如图 6-10 所示。

4)混凝土

混凝土作为主要的建筑材料之一,曾经一度被认为是一种工业的、粗糙

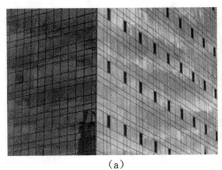
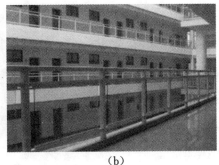

（a）　　　　　　　　　　　　　　　（b）

图 6-10　玻璃在建筑中的应用

（a）玻璃幕墙；（b）玻璃栏杆

的、野性的材料，大多以建筑结构材料的形式存在。但随着设计师的不断探索，混凝土也被用来创造空间、肌理和氛围。

　　清水混凝土具有柔软、刚硬、温暖的混合特质，显示出一种本质的美感，不仅对人的感官及精神产生影响，而且可以表达建筑情感。例如，日本建筑师安藤忠雄是国际公认的"清水混凝土诗人"，其设计的光之教堂的混凝土表面光滑细致，表面分缝线和定位孔严格按照一定的模数排列，材料仅为清水混凝土、玻璃和少量钢材及木材。这些材料制作的构件严谨地形成空间，光线成为这个空间中的主角，如图 6-11（a）所示。预制混凝土块可结合构造技术，根据砌块不同尺寸表达不同的构成。例如，墨尔本的 Project 281 咖啡厅，堆叠的混凝土构件将巨大的空间进行分割，不同尺寸的预制混凝土块组成了雕塑般的构件，长椅沿着墙面和混凝土构件摆置，咖啡服务柜台由多层混凝土浇筑而成，地板上则留下了施工过程中自然产生的痕迹，如图 6-11（b）所示。

　　5）新型复合材料

　　复合材料是将两种或两种以上材料结合在一起制备而成的，不同材料可以互为补充、互相改善，但在最终产品中又会保持自己的特征。由于复合材料具有极高的灵活性，可以通过改变组成部分来实现不同的效果，因此可以为既有建筑再生提供更多的可能性，还可以循环利用。如玻璃纤维增强

(a)   (b)

图 6-11　混凝土在建筑中的应用

(a)光之教堂；(b)Project 281 咖啡厅

混凝土,即 GRC 混凝土,既具有混凝土的高强度,同时还融合了玻璃纤维的可塑性。

6.2.3　新型材料的引进

如今,新型建筑材料不断涌现,性能更加完善,可以更大限度地满足建筑行业各方面的要求。同时,很多新型材料的生产充分利用各种工业废料和建筑垃圾,体现了资源循环利用和材料节能环保的发展趋势。新型建筑材料的主要类型有以下几种。

1. 新型墙体材料

随着国家实行墙体改革政策,近几年出现的新型墙体材料种类越来越多,如黏土空心砖、石膏或水泥轻质隔墙板、彩钢板、加气混凝土墙板、活性炭墙材等,如图 6-12 所示。这些新型墙体材料具有质轻、隔热、隔声、保温、无污染等特点。

2. 新型保温材料

建筑物保温隔热是节约能源、改善居住环境和增强使用功能的一个重要方面。新型保温材料的应用随着建筑性能要求的提升得到广泛重视和关注。当今,全球保温隔热材料正朝着高效、节能、薄层、隔热、防水外护一体

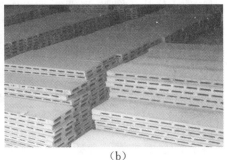

（a）   （b）

图 6-12　新型墙体材料

（a）轻质墙；（b）人造装饰板

化方向发展，例如硅酸铝保温、软瓷保温、玻化微珠保温等，如图 6-13 所示。
在既有建筑再生设计过程中，新型材料的引进可以更好地满足建筑的使用
需求。

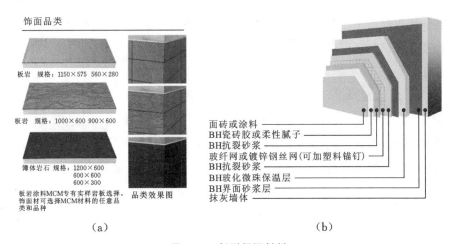

（a）   （b）

图 6-13　新型保温材料

（a）软瓷保温；（b）玻化微珠保温层构造

3.新型密封材料

密封对于建筑物来说就是防水、防尘、隔气。密封材料是密封技术的基
础。新型密封材料具有良好的弹性和延伸率，防水性能和黏结性能好，施工

方便,便于修补。例如,聚四氟乙烯作为一种表面塑料薄膜材料,其延展性和防水性都较好,还具有较好的耐火性和抗风性。当火灾不断蔓延时,该材料会融化燃烧,有效维护整个建筑物的安全。

4.植物纤维材料

植物纤维材料是指由农作物收获后剩下的废料制成的新型建筑材料。植物纤维材料与传统建筑材料相比具有高强度、零污染、轻质化、低耗能与可再生的优点,非常符合新时期我国节约资源、保护环境的政策。目前采用植物纤维制作建筑材料的项目还不多见。

5.粉煤灰质材料

粉煤灰是燃煤电厂排出的主要固体废物。随着电力工业的发展,燃煤电厂的粉煤灰排放量逐年增加,带来一系列的环境问题。对其回收再利用,可降低工业废弃物的污染,节约资源。粉煤灰作为建筑材料的应用十分广泛,例如在混凝土中掺加粉煤灰可节约大量的水泥和细骨料,减少用水量,并能改善混凝土拌和物的和易性,提高混凝土的抗渗能力,增加混凝土的修饰性。粉煤灰还可以烧制成各种规格的空心砖和烧结砖,减少了对环境的破坏。

6.泡沫玻璃

泡沫玻璃是一种由废旧平板玻璃辅以各种添加剂制成的综合性能十分优良的新型材料,具有较好的保温隔热性和较强的物理化学稳定性。随着我国建筑节能发展的需要,泡沫玻璃在节能与防火领域得到普遍认可,并迅速得到推广应用。

7.膜材料

目前建筑中应用的膜材料种类较多,根据材质的不同可以分为 PIFE 类膜材料和 PVC 类膜材料两种。膜材料的透光率很高,因而可节省大量的照明用电。膜材料还有较高的反射率和较低的光吸收率,可以在很大程度上阻止太阳能的辐射。其化学性能很稳定,无论是对环境还是对人体都不会造成污染和伤害,作为绿色建筑材料有较大的应用潜力。

6.3 材料韧性现状的问题分析

6.3.1 资源、能源消耗问题

相关研究表明,我国建筑材料的能源消耗在全国总能耗量中占据首位,已经超过社会总能耗的30%。水泥、钢铁和铝材三大产业的资源、能源消耗总量和二氧化碳排放总量连年呈增长的趋势,导致我国环境承载压力和资源供给压力不断增大。因此,在满足建设需求的前提下,应严格控制各材料的生产总量,从而有效缓解环境和资源负荷压力,同时通过淘汰落后产能,调整生产能源结构,加大应用新型绿色环保建筑材料,来降低能源消耗,减少环境的污染,实现建筑材料产业的绿色可持续发展。

6.3.2 材料废弃物处理问题

1. 材料废弃物现状

随着工业化、城市化进程的加速,建筑行业在不断地发展,产生的建筑垃圾也在日益增多,每年达到数亿吨。然而,我国建筑垃圾处理技术较弱,回收利用率较低,大部分建筑垃圾未经过任何处理直接被运往郊外堆放或者填埋,不但占用了大量宝贵的耕地,而且对土壤、水源、植被等造成了相当大的危害。同时,建筑垃圾在运输过程中给城市环境造成了严重污染,如图6-14所示。

2. 材料废弃物处理方式

我国的建筑材料废弃物处理方式主要有两种。①填埋地下。现在常用的处理方法是少部分回收利用,绝大部分进行混合收集后填埋于地下,这样造成了占用大量土地、污染环境、破坏土壤结构等问题,甚至造成地表沉降等严重的危害。②综合处理。例如,将其中可直接再生利用的物质(如木材、金属等)分选归类,直接供给相应的公司进行处理;或对建筑垃圾中的大块废混凝土、废砖等进行粉碎操作后,用多层分级筛分成符合建筑标准的石

图 6-14　建筑垃圾

(a)建筑垃圾随意倾倒存在安全隐患；(b)建筑垃圾污染水体；

(c)建筑垃圾影响空气质量；(d)建筑垃圾侵占土地

子、砂子以及泥沙等再生材料，这种方式可以有效降低垃圾处理成本，同时减少环境污染。

此外，由于很多建筑材料废弃物消纳场的设置缺乏规划，布点不合理，距建筑材料废弃物产生源较远，导致运输费用高，运输时间长。

6.3.3　新型材料成本问题

既有建筑再生利用阶段控制成本的关键是合理地支出材料费用。材料费用在工程总造价中占有较大的比重，一般为 50％～60％。因此，在保证材料质量的前提下，减少材料费用，对降低工程造价和提高经济效益，具有较大的作用。

新型建筑材料与传统建筑材料相比,存在节能、环保、保温、美观等较多优点,但其成本也是相对较高的。我们应最大限度发挥出新型建筑材料的经济价值和施工价值,促使建筑工程经济成本控制向现代化、系统化方向过渡,有利于实现资源结构的合理配置,为实现经济成本控制提供基础。当前新型建筑材料对工程经济成本控制的影响主要有以下两个方面。

1. 成本支出统计困难

新型建筑材料因具有较好的使用性能和节能环保等优点,被广泛应用在建筑工程项目中。但是,当前新型建筑材料的型号、用量及规格不成系统,材料用量统计较困难,进而导致成本支出统计困难。

2. 预算单价无规范可依

建立健全新型建筑材料管理机制对于经济成本控制至关重要。既有建筑再生利用概算过程中不能依据规范的文件进行选型、确定用量和销售单价等,将会使施工使用的实际材料与采购计划不一致,不利于新型建筑材料的经济成本控制,导致建筑施工效率低下,质量控制难度增加。

6.4 材料韧性优化与设计策略

6.4.1 材料韧性的轻质化与高强化

轻质、高强建筑材料的使用可以在很大程度上减轻建筑物的自重,提高建筑的韧性强度,降低生产能耗和运输能耗,对建筑行业节约能源具有重要意义。轻质建筑材料在建筑物的保温和隔热方面效果十分明显。材料的轻质化和高强化不仅可以有效降低建筑的能耗,而且对于材料自身韧性的提升也有很大帮助。轻质、高强建筑材料不仅适用于新建建筑,还广泛适用于既有建筑的再生利用。

1. 轻质建筑材料

轻质建筑材料是绿色材料、生态材料。与传统建筑材料相比,其具有三个优点:第一,生产原料的选择尽可能避免天然材料,尤其是不可再生资源;第二,采用低能耗的生产工艺和无污染的生产技术;第三,生产过程中不添加甲醛、芳香烃等,不使用含汞、镍、铬及其化合物的颜料和添加剂。当前轻质建筑材料主要有以下几种。

1)空心砌块砖

空心砌块砖[图6-15(a)]导热系数小,自重比较轻,具有很好的防水性能和保温性能,隔热、隔声效果明显,易于加工。使用空心砌块砖可以大幅节约制造成本,降低建筑物的自身重量和能源消耗。同时,空心砌块砖的体积较大,是标准黏土砖块的10倍,砌筑过程中可以节约砂浆。当环境温度发生较大变化时,会对砌体产生一定的压力,使抹灰面出现开裂的情况,因此空心砌块砖应避免过于干燥,确保使用安全。

2)防水材料

防水材料[图6-15(b)]主要包括建筑防水材料、密封材料、合成高分子防水卷材、堵漏防水材料和刚性防水材料五大类产品。以合成高分子聚四氟乙烯为例,材料表面上看起来像塑料薄膜一样,但它的防水、防风、防火性能优良,遇到火焰的时候只会融化而不会燃烧,大大增强了建筑的安全性。此外,它的透光性能良好,可以充分使用光能产生的热量调节室内环境温度。

(a)   (b)

图 6-15　轻质建筑材料

(a)空心砌块砖;(b)屋面防水材料

3)UPVC水管

与传统的铸铁管相比,UPVC水管使用的材料主要是聚氯乙烯塑料,具有重量轻、阻流小、不结垢、耐酸、耐碱等优点。同时,UPVC水管的价格低,运输和安装比较方便,而且表面不需要涂任何防护漆。在正常的环境下,UPVC 水管在户外的使用寿命可以达到 40 年,极大地节约了建筑工程成本。但是,与铸铁水管相比,UPVC 水管的强度比较低,抗老化能力比较差,施工时必须保证水管进行明装,预防外力造成水管破裂。UPVC 水管的使用,可以大大减轻排水设备的重量,同时可节约能源,降低环境污染,减少建筑物的能源消耗。

2. 高强建筑材料

如图 6-16 所示,当前高强建筑材料的应用主要有以下几种。

1）高强钢材

相对于普通钢材,高强钢材的优点如下：①大大减小构件尺寸和结构重量,减少焊接工作量和焊接材料用量,减少各种涂层的用量及施工工作量,

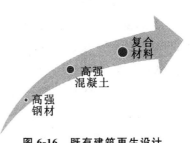

图 6-16 既有建筑再生设计材料高强化

使运输安装更加容易,降低钢结构的加工制作、运输和安装成本;②在建筑物功能空间方面,能够创造更大的使用净空间;③能够减小板材厚度,从而相应减小焊缝厚度,改善焊缝质量,延长使用寿命。高强钢材能够减少对铁矿石资源的消耗。焊接材料和各种涂层用量的减少,也能够减少对不可再生资源的消耗,同时能够减少资源开采对环境造成的破坏。

2）高强混凝土

与普通混凝土相比,高强混凝土的优点：①减小结构截面尺寸,减轻建筑物的自重,从而减小地基所承受的压力;②弹性模量大,提高了相同截面构件的刚度,减少了相同荷载下的变形;③由于高强混凝土结构密实,其耐久性、抗冻性、抗渗性及耐腐蚀性很强。如今高强混凝土已被认为是混凝土材料科学技术发展的主要方向。

3）复合材料

所谓复合材料,就是把两种或两种以上在宏观上根本不同的材料复合成一种材料,其目的是通过复合来提高材料强度。近年来人们开发研究的主要是纤维增强复合材料,如纤维增强塑料、纤维增强水泥、纤维增强金属

等,其实质基本上是在上述两种高强材料的基础上,进行两两复合,或是添加一些其他传统材料来提高材料的综合性能。

6.4.2 施工过程中的工业化与装配化

建筑结构形式不同,生产方式明显不同。钢结构和木结构一般都是按照模型尺寸在工厂生产,然后运输至现场装配施工,这种施工方法比较接近工业化。目前国内主要的建筑结构形式——混凝土结构,既可以现场浇筑也可以装配施工。装配式建筑是采用标准化设计、工厂化生产、装配化施工、信息化管理、智能化应用,把传统建造方式中的大量现场作业工作转移到工厂进行的现代工业化生产方式。发展装配式建筑,一方面可以解决传统房屋建设过程中存在的质量、性能、安全、节能、环保、低碳等一系列问题;另一方面可以使建筑设计、施工建造、维护管理三者相互配合、相互联系,大大提升建筑的韧性。

装配式建筑结构体系分为两大类,即专用结构体系与通用结构体系。通用结构体系与现浇结构体系类似,可分为三类,即框架结构体系、剪力墙结构体系、框架—剪力墙结构体系。结合具体建筑功能、性能要求等,通用结构体系可以发展为专用结构体系。根据材料的不同,装配式建筑结构体系可以分为三种类型,分别是木结构体系、轻钢结构体系、混凝土结构体系。

1. 木结构体系

木结构体系主要以木材为受力结构。木材具有抗震性能佳、保温隔热好、节能隔声等优点,取材方便且成本较低,广泛采用在建筑中。由于我国人口众多,房地产业需求量大,但森林资源和木材贮备稀缺,因此木结构并不适合我国的建筑发展需要。当前建造的木结构建筑大多为低密度、高档次的独立住宅或商业酒店。

2. 轻钢结构体系

轻钢结构体系一般由薄于木龙片的压型材料和轻型钢材制成。轻型钢材是用 0.5~1 mm 厚的薄钢板外表镀锌制成。轻钢结构与木结构的"龙骨"类似,可以灵活建造出不高于九层的建筑。木结构的连接节点主要使用钉子,轻钢结构的连接节点主要使用螺栓。轻钢结构的主要优点为:①质量小、强度高,可以使建筑结构自重减轻;②空间功能划分灵活;③具有良好的延展性和抗震、抗风性能;④工程质量易于保证;⑤施工速度快、周期短,气候对施工作业产生的干扰不大;⑥改造与迁拆方便,材料可以回收再利用。

3. 混凝土结构体系

我国建筑工业化主要集中在两种建筑结构中,一是钢结构,二是混凝土结构。两种结构都可以对构件进行工厂化预制生产,现场机械化安装,符合中高层建筑的要求。相比之下,混凝土结构体系具有更高的性价比。

我国建筑主要结构形式是混凝土结构。传统的现浇混凝土结构在进行工业化转型时,不仅要对施工手段进行工业化改造,也要对装配式混凝土建筑发展进行研究,只有现浇和预制装配共同发展,才能更快实现建筑工业化。

6.4.3 废旧建筑材料的再生利用

建筑拆除时,往往会产生大量砖块和金属材料等建筑废弃物。近年来,资源短缺、再生利用率低、建筑垃圾堆积等问题仍然大量存在。既有建筑材料的回收利用主要包括直接再利用与再生利用两种方式。直接再利用是指在保持材料原型的基础上,通过简单的处理,将废旧材料直接用于建筑再生的方式;再生利用是指材料通过化学或物理等处理,经过较为复杂的加工程序进行回收再利用。废旧建筑材料的再生利用主要有以下三种。

1. 砖石

砖石是我国大量使用的传统建筑材料之一。废弃砖石在建筑垃圾中占有相当的比重。将砖石回收利用,一方面可以解决废弃黏土砖的处理问题;另一方面可以节约天然砂石资源,对减少资源浪费将起到积极作用。

例如,2007年3月,在北京奥运场馆周边的首钢老山小区环境改造方案中,设计师将小区路面换下来的九格砖收集起来作为小区内拦墙的砌筑材料,从而大大降低了购买红砖的费用。除此之外,设计师还将这些九格砖用在老山南路等地的挡墙及花池改造砌筑中,共计519.1 m²,节约资金8万余元。近几年来杭州大地园林绿化工程有限公司在园林设计中结合废旧石块和石板、碎裂瓦等材料特点,用破石板制作冰裂纹路面、六角块路面、方块插花路面,用碎裂瓦、旧石板和石块制作乱纹块图案路面,这些设计既利用了旧材料,又和古朴自然的古建筑融为一体。

2. 混凝土

德国作为世界上最早进行建筑材料循环利用研究的国家之一,曾开展过一种叫作"元素回收(elemental recycling)"革新技术的研究应用,该研究应用保留整个"Plattenbau"建筑板材并将其用于新的住宅建筑中。"Plattenbau"是 20 世纪 60 年代欧洲大量建造的一种大型预制混凝土住宅。随着城市结构调整及住宅标准的不断提高,德国政府在 2000—2010 年拆除了约 35 万座"Plattenbau"公寓。2005 年,致力于"Plattenbau"资源再利用研究的德国建筑师赫维·比勒(Herve Biele),经过 3 年的努力,完成了他的第一个作品——一座位于柏林东北郊边界之外的梅赫劳小镇、面积为 202 m² 的两层平顶式住宅。赫维·比勒首先选定了附近一座即将摧毁的"Plattenbau"建筑,将其中一些建筑板材取出,切割成一定规格后运往新建筑场地,仅用 7 天时间将新建筑主体装配完成,如图 6-17 所示。

(a)　　　　　　　　　　　　　　　(b)

图 6-17　"Plattenbau"建筑板材应用过程

(a)从建筑中提取元素;(b)建筑板材构成新住宅

研究表明,这种对"Plattenbau"板材的再利用具有安全、经济、生态及美学等价值。首先,在新建住宅中,对"Plattenbau"要素的循环使用比建造一个全新建筑节省 30%～40%的费用;其次,在材料置换过程中,"Plattenbau"板材能够被切割成任意尺度以满足新建筑自由的形式变化;最后,由于原

"Plattenbau"的混凝土质量非常好,随着时间的推移,混凝土本质保持不变,使新住宅建筑具有耐久性好与低成本的特征。

3. 木材

根据所采取的方式不同,既有建筑木材的再利用包括直接回收利用和二次应用于室内及建筑装修等方式。质量较好的废旧木材经分类后可按市场需求加工成各种可用木料,可应用在室内及建筑装饰上,向人们展示一种极具亲和力的环保新概念。废旧木材经过风吹日晒,具有很深厚的历史凝重感,与新材料相比,有着不同的性格和灵魂。

欧美等国对废旧木材再利用有着广泛研究。早在1922年,现代主义建筑大师格罗皮乌斯在萨默菲尔德别墅设计中,将沉船上卸下来的旧木料用作建筑的柚木大梁,创造出令人称奇的作品。美国建筑师爱德华用了20年时间尝试把废旧木材应用到室内和建筑装饰当中。他采用一些风格独特的方法,将废旧木材进行除虫、熏蒸、打磨后,涂上保护漆,保留原样,作为装饰梁木、地板或家具。

将废弃木材再利用作为建筑材料的案例在我国较为少见。据了解,我国每年可开发利用的废旧木材资源多达数千万立方米,长期以来仅将其处理为一种建筑垃圾,浪费了大量的材料资源。然而,材料再利用并不意味可以对任何材料进行任意地、简单地直接再利用,而是提倡旧建筑材料资源的合理化再利用。严格来说,直接再使用未经过检测的废旧建筑材料是不合理的。据了解,有些回收者从旧楼上拆下钢筋后,稍微进行清理、取直,就将其卖到其他地区再利用。这样的方式,虽然达到了材料的再生利用,但却导致新建筑物的结构存在安全隐患。目前,许多国家对废旧建材的回收利用都出台了专门的法规,如德国先后颁布了《垃圾处理法》《避免废弃物产生以及废弃物处理法》《循环经济与废弃物管理法》等法律。

我国政府对废旧木材的再利用高度重视,并在政策法规上加以强化。保持建筑材料的可持续发展,提高资源的综合利用率已为当今社会所普遍关注。近年来,我国已开始重视材料资源的合理化利用,提出了"节能减排"等政策,并开展大量可行性研究,进行了如传统墙体材料零垃圾回收再利用、废弃砖石材料在园林道路中的应用等实践。

7

既有建筑再生创新韧性分析

创新韧性是在客观条件制约下对既有建筑进行考察和评估,并且持续进行创新的能力,也包括既有建筑再生设计项目本身的承压能力和可持续能力。对创新韧性的研究,能够有效激发既有建筑再生项目活力,保持整体统一的内在张力,合理构建再生发展体系,对促进项目健康发展具有重要意义。

7.1　创新韧性的认知框架构成

7.1.1　创新韧性的概念与内涵

1. 创新的含义

"创新"意为"引入某种新事物或新思想、新方法、新装置"。广义上来说,创新是基于前人的基础进行创造性的实践,是思想认识层面的提升。在前人已经发现或发明的成果基础上,做出新的发现,提出新的见解,开拓新的领域,解决新的问题,创造新的事物,或者对他人已有的成果进行创造性的运用,都可以称为创新。

创新的本质是对现有的生产要素、生产手段进行不同的使用和组合,不断发掘已有资源的潜能,最终改变人们的生产和生活的方式,提升生活的质量。创新是韧性思维中重要的一环,体现了韧性原则中的创造能力、适应能力、学习能力等方面的要求。创新同时也是联系新与旧的桥梁,以可持续和动态的视角探究既有建筑的再生利用,通过各种创新的方式和方法对既有建筑进行改造,使之从原有的平衡状态进化为一个更高层次的平衡状态,并具有持续的创造能力和更新能力,如图 7-1 所示。

2. 既有建筑创新韧性再生

创新是基于既有建筑进行更新与改造的一种方式,其将新观念、新制度、新技术、新产品、新市场、新的管理方式等引入既有建筑。创新也是推动韧性发展的强大动力,通过对既有建筑的物质层面和意识层面进行创新性设计,能够有效激发场地活力,实现可持续发展。

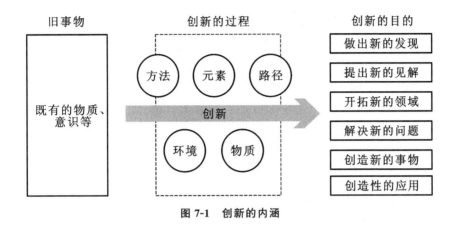

图 7-1　创新的内涵

　　创新韧性再生设计不但能够弥补既有建筑中韧性不足的部分,而且可以结合社会发展和人民生活的新需求,从以往静态规划的思维转向动态规划的思维,建筑得以不断地改善,真正实现品质更优、功能更优、体验更优。

7.1.2　创新韧性的意义与特征

　　创新韧性具有先进性、实用性、市场性、创造性、新颖性等优点,在既有建筑再生的过程之中发挥了重要作用,但同时也伴随着高风险、高投入等代价。设计者应全面客观地进行现状评价,在此基础上合理预估创新的投入与成果,寻找最佳的创新途径与方法。根据分析判断,本书对既有建筑创新韧性的主要特征进行了总结,如图 7-2 所示。

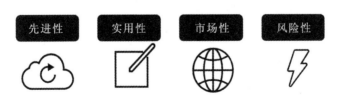

图 7-2　既有建筑创新韧性的主要特征

1. 先进性

创新本身就带有先进性的特征,即领先于目前技术或理念。因为创新拥有一定价值的技术或理念,所以其在具有先进性的同时,也具有一定的竞争力。先进性体现在既有技术或理念的突破和发展,即在技术上获得突破、取得较大进展,或在理念上融入新思想。

例如,位于西安建筑科技大学华清学院校园内的老钢厂设计创意产业园的前身为陕西钢厂,经过再生设计之后植入教育、文创等新功能,设计者采用绿色再生、安全韧性等新理念与新技术,解决了基地废弃后衰败的问题,也提升了地块的活力和价值,如图 7-3 所示。

（a）　　　　　　　　　　　　　　　（b）

图 7-3　老钢厂设计创意产业园

（a）外景；（b）内景

2. 实 用 性

创新的目的是满足发展的需要,而是否具有实用性是检验创新成果的重要标准之一。既有建筑再生创新韧性设计的成果应能够满足今后人们的各种使用需求,这样才能有效预防、应对和处理各种危机和风险,实现可持续发展。实用性应满足三个条件,即符合科学规律、具备设施条件和满足社会需要。

3. 市 场 性

创新最大的驱动力是市场效益,技术和理念的创新常常围绕市场目标进行。创新强调将成果运用到经济活动之中,满足市场需求才能获得经济效益和社会效益,得到经济上的支持才能使场地的各项设施正常运行,才能有条件做到韧性再生。

例如,北京第二热电厂经过再生设计之后变身为"天宁 1 号"文化科技创新园,通过创新发展模式,引入了媒体、印刷等商务办公产业,并且定期举办服务于西城区市民的科教文化活动(图7-4),顺应了市场的需要,大大提升了基地及周边的地价。北京第二热电厂再生利用后,场地价值提升,更多的投资被吸引过来,使得旧工业园区的社会文化韧性进一步增强,基础设施建设更加完善,场地的空间韧性和基础设施韧性等得到提升,如图7-4所示。

(a)   (b)

图7-4 "天宁1号"文化科技创新园

(a)童书博览会外景;(b)童书博览会内景

4. 风险性

创新需要较高的投入,带有极大的风险性和不确定性,包括技术上的风险性、试验生产阶段的风险性和市场的风险性等多个方面。既有建筑技术上的风险性受到技术本身的成熟程度、是否具备辅助性技术、技术飞速变化和激烈竞争等影响;试验阶段的风险性主要是由于实验是在特定的环境中进行的,运用到实际项目中还是存在较大的差异;市场的风险性一般是由于市场的变化较快、经济环境影响等造成的。

7.1.3 创新韧性的内容与范畴

创新是多维度进行的创造性活动。本书基于韧性发展的需求,对既有建筑进行深入研究解析,将创新归纳为以下六大方面。

1. 观念创新

观念创新指思想理念、文化观念、认识觉悟等思维意识的创新。观念创新的基础是客观世界的发展和变化,目的是适应客观世界的发展和变化,并且预见客观世界未来发展变化的趋势,使得观念与客观世界变化相吻合。创新是一个连续的动态过程,因此在不同时代背景下会形成不同风格和导向的观念。

韧性视角下的既有建筑再生设计观念创新,包括社会文化、经济政治、科学技术等多方面的一系列新文化风气和新再生理念。例如,"再生利用"这一理念是基于"改造""更新""再利用"等理念进一步发展而来的,该理念的提出是城市更新领域内观念创新的典型范例,从文化、社会、经济、生态、空间等多个方面体现出韧性城市的可持续性。进入后工业社会,信息技术和服务业是主要的发展趋势。在既有建筑再生设计的过程中,可以通过观念创新,引入新发展理念实现产业的转型升级,加入智慧城市理念实现建筑物的信息化和数字化,最终重现既有建筑的价值,从而实现可持续发展。

"韧性+既有建筑再生"也是一种观念上的创新。韧性理念源自机械工程领域,后被延伸到生态学和社会生态学中,现将韧性理念与既有建筑再生设计相结合,能够创造出更多新思想和新方法,如图 7-5 所示。

(a)   (b)

图 7-5　观念创新

(a)先进的理念;(b)先进的文化

2. 模式创新

模式创新包括投资模式、改造更新模式、运行维护模式、社会体制机制等方面的创新,如图 7-6 所示。韧性导向下的再生利用模式应具有较强的适应性、公平性、高效性、灵活性,重视公众参与,因地制宜地选择适当的模式,并不断完善、改革和创新现有的模式。

既有建筑的再生模式具有普适性、简单性、重复性、结构性、稳定性、

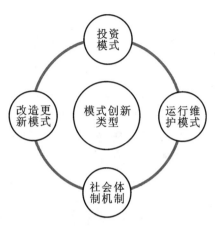

图 7-6　模式创新类型

可操作性等特征,但是,改造模式和运营模式应根据实际情况进行创新和调整。模式创新强调一般性和特殊性的衔接,应根据实际情况的变化调整模式结构和要素,增强针对性和可操作性。例如,投资模式可以分为政府主导投资、原所有者自主投资、政府与市场结合的多主体投资三大主要类型;常见的更新改造模式,包括房改带危改模式、循环有机更新模式、使用者自主更新模式等。北京市首钢园从六大方面搭建出新资管与物业经理的投资与运营模式,如图 7-7 所示。

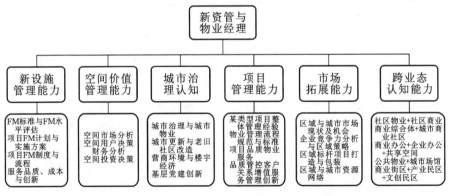

图 7-7　北京市首钢园投资与运营模式创新

3. 技术创新

技术创新包括技术本身的完善、相关技术的体系化和新技术的发明等方面,是生产方式和生产工艺的创新。既有建筑再生设计的技术创新围绕再生产品、再生工艺、再生材料、再生结构等方面展开,如图 7-8 所示。技术创新的本质是安全,韧性视角下,再生技术还需要在绿色、灵活、高效、稳定等方面进行深入研究。技术创新在既有建筑再生利用中起到至关重要的作用,是其他各项创新的落脚点,具有极强的操作性和实践性,也是意识创新转化为物质创新的关键。

图 7-8 技术创新的内容

既有建筑再生设计中使用的再生产品有再生降噪砖、再生装饰物等,再生工艺有金属无害化处理技术、再生粗骨料技术等,再生结构有耗能结构、自复位结构等,如图 7-9 所示。

(a) (b)

图 7-9 技术创新

(a)再生半透明塑胶篮;(b)再生结构

4. 空间创新

空间创新包括既有空间的改善和新空间的创造两个方面。既有建筑再生设计需要通过调整空间结构来促进建筑功能的活化利用。改善既有空间虽然不如创造新空间的效果明显,但是当持续性的创新达到一定程度时,会产生从量变到质变的结果,逐步形成新的空间。

5. 经济创新

既有建筑再生利用的经济创新包括市场创新、销售创新、经营模式创新等,如图 7-10 所示。韧性经济体系能够抵抗各类冲击和风险,包括人口结构变动、失业、经济萧条、市场波动等。经济创新是经济决策与行为创新的表现。在市场经济的背景下,以经济高质量发展为目的的再生设计变得更为重要。设计者需要综合考量社会、文化、生态等多方面因素,并得出判断。建筑的所有者、使用者等主体,作为经济创新的制定者、执行者和受益者,是再生模式的重要推动力。

6. 管理创新

管理创新包括管理办法、管理思想、管理制度、管理文化等方面的创新,如图 7-11 所示。管理创新贯穿了开发阶段、设计阶段、施工阶段、工程验收与保修阶段、运营阶段等。在创新决策、研究与开发、生产与制造、市场营销等整个过程中,管理创新都发挥了积极的组织作用。既有建筑的再生利用需要以管理作为依托和手段,正是由于管理上的创新,积极组织、协调、平衡各

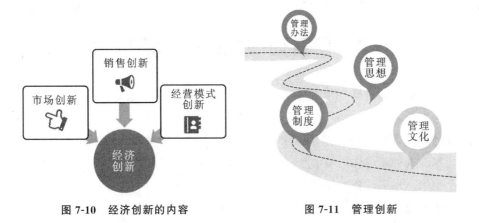

图 7-10　经济创新的内容　　　　　图 7-11　管理创新

项因素,既有建筑再生设计过程中的新观念、新模式、新技术、新空间、新经济才得以实现。

　　设计、施工团队的管理理念和方法需要不断完善,由普通用户、专业用户和创客共同参与的开放式协同化创新平台就是管理创新实例,如图 7-12所示。在韧性视角下的管理创新,和"管理柔性"概念有很多相同之处,如注重时空弹性和自我管理,易形成自由、平等、开放的氛围,对激发队员的灵感和创造力有极大帮助。

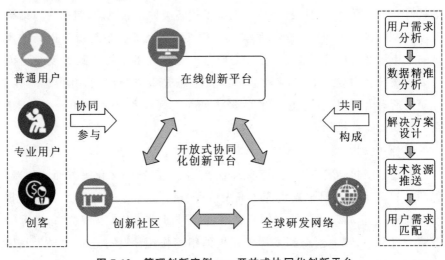

图 7-12　管理创新实例——开放式协同化创新平台

7.2　创新韧性系统的影响机制

　　根据前文对既有建筑再生设计创新韧性的分析与解读,本书将创新视为一种行为,那么创新韧性系统则是由系列行为组成的系统,其与单纯物质性的韧性系统有很大差别。相比于"空间""技术""材料","创新"这一过程更加强调创新主体的重要性。创新主体包括既有建筑再生设计过程中的各个组织。根据性质的不同,这些组织可以分为政府、企业、团体、个人等;根据实施过程的不同,这些组织又可以分为研究团队、规划团队、设计团队、施工团队、验收团队、经营团队等。

创新是发生在物质和意识这两个层面的,既有建筑再生设计这一活动同样可以分为物质和意识两个层面。既有建筑的物质性是意识性的基础,同时,创新也是人们将意识性创造反映到物质性创造的一个过程。

创新过程可以分为观念创新与模式创新,技术创新与空间创新,经济创新与管理创新。观念创新与模式创新位于整个过程的前期,是围绕意识层面展开的创造性构思;技术创新与空间创新位于整个过程的中间阶段,是围绕物质性的实体物质展开的创造;经济创新与管理创新位于整个过程的后期,涉及物质与意识两个层面的创造。

7.2.1　观念创新与模式创新

在既有建筑再生设计中,指导观念将作为以后步骤的行动指南,如图 7-13 所示。

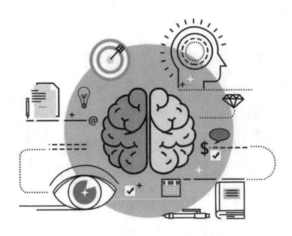

图 7-13　观念创新与模式创新

1. 观念创新是先导

哲学中常说"人类社会的一切发展、一切进步、一切革新,首先要解放头脑","只有解脱了精神束缚,才能有创造的动力和创造的能力"。观念创新在整个创新韧性系统中具有重要的奠基和领导作用,是创新过程的起点。

"再生设计"这一理念是基于"改造""更新"等理念进一步发展而来的。"改造""更新""再生"强调的是过程、策略、行为,缺少对于建筑物本身的价值及改造的意义、目的和内涵的思考。"再生利用",强调的是一种目的与意义,它首先是对既有建筑价值的肯定。为了让既有建筑重新获得活力,应制定设计策略并执行相应的计划与措施,使既有建筑达到再生的目的,最终形成精神上的认知。基于韧性理念看待观念创新,应将韧性思维融入指导观念。

观念创新也就是理念创新,当理念创新扩大到一定程度时便会产生文化创新。例如,北京市首钢老工业区在再生利用中,立足于"四个复兴"的理念,即文化复兴、产业复兴、生态复兴、活力复兴,通过植入时尚消费、运动体验、休闲娱乐等业态,引领消费空间升级;推进工业文化与现代文化的融合与传承,强调生态修复治理,拓展节能低碳技术研发应用,推广绿色建筑,建设智慧能源系统,将生态理念融入生产和生活,促进职工转岗就业或创业。正是以具有韧性的创新性设计理念作为先导,首钢在改造中目标明确、立足长远,如图 7-14 所示。

(a)   (b)

图 7-14　北京市首钢园观念创新

(a)规划设计创新;(b)建筑设计创新

2. 模式创新是前提

模式创新是创新韧性系统构建的前提,模式选择关系到项目资金的投入与经济效益的产出,决定了建筑的功能定位和使用人群,影响投入使用后的效率和期限等方面。制定适当的模式是日后投资、再生改造、运营管理的基础,有助于实现既有建筑的韧性再生。

根据既有建筑的特征,应制定有针对性的再生模式,不鼓励原封不动地照抄既有的再生模式,应在已有的再生模式上进行创新。通过模式创新为后期的改造设计铺好道路、做好规划,制定适合的模式对既有建筑进行改造。

适合的再生利用模式受到多种因素影响,包括既有建筑所处地理区位及现状、社会经济环境、再生价值和目标定位等。基于对现状的调研分析,以动态可持续的眼光从宏观层面把控,并预测不同时期社会经济的发展方向,从安全韧性的角度规划设计既有建筑的空间和结构。

既有居住建筑改造模式创新是近些年来较为热门的话题。以城市老旧小区改造为例,对模式创新的作用机制进行说明。既有住区再生设计一般分为维护保留、修缮改造、功能重塑和拆迁重建四种模式。根据改造资金来源不同,全国各地老旧小区组织实施模式分为三种:①财政能力较强的地区,由政府主导改造;②业主自发组织,政府适度支持;③政府引导,市场运作。

既有住区再生设计应实现的目标:①改善现有基本生活设施——增设电梯;②开发地上和地下新空间,为配套设施和可持续发展提供空间;③增设配套商业和相关服务功能,提升居民生活质量;④部分空间以出售的方式进行融资,为小区及周边配套设施改造提供资金;⑤部分新增空间纳入长效物业管理,建立发展基金,为后期维护与升级提供资金;⑥升级绿化,分步进行智能化改造,打造高品质生活空间,逐步建设智慧社区;⑦社区周边一定范围内,打造地上绿化,建设地下管廊;⑧缩短施工周期,尽量减少对原居民生活的干扰。

7.2.2 技术创新与空间创新

1. 技术创新是核心

技术创新之所以是既有建筑再生设计创新韧性的核心,是因为技术创新是创新过程中第一个物化的环节,是意识向物质改造转化的过程,也是既有建筑韧性再生的落脚点。观念创新、模式创新需要通过技术创新进行实践和检验,技术创新的成功也代表了理论向实践转化的成功,以及研究成果向生产力和生产方式转化的成功。

再生韧性技术中较为重要的一类就是建筑废弃物的再生利用,建筑废弃物再生技术创新对于实现建筑韧性具有重要意义,创新推动韧性发展。

再生材料方面,如图7-15所示,将建筑垃圾回收后可再生为多种建筑材料,如再生骨料、再生砖、再生混凝土等。以再生混凝土为例,利用再生骨料作为部分或全部骨料配制的混凝土,称为再生混凝土。由于再生混凝土具有与普通混凝土相近的物理、力学性能,所以再生混凝土是废弃混凝土再利用的一个重要发展方向。通过研究再生混凝土的热工性能发现,再生混凝土的导热系数与相同配合比的普通混凝土相比降低28%,若再掺入引气剂,再生混凝土的导热系数还会降低44%。可见,用再生混凝土作为墙体材料,能显著提高建筑物的保温性能。再生材料的成功研制对于既有建筑再生设计韧性提升具有重要意义。

(a)　　　　　　　　　　(b)

(c)　　　　　　　　　　(d)

图 7-15　建筑垃圾再生材料创新

(a)建筑垃圾回收利用;(b)建筑垃圾再生骨料;(c)建筑垃圾再生砖;(d)建筑垃圾再生混凝土

再生技术方面,以既有建筑纠倾技术为例,该技术主要用于既有建筑的加固纠偏处理。第一类是对沉降小的一侧采用迫降纠偏技术。对于建筑物沉降较小的一侧,用人工或机械的施工方法掏空其局部地基土或增加土体应力,迫使土体产生新的竖向变形或侧向变形,使建筑物该侧在一定时间内沉降加剧,从而纠正建筑物的倾斜。第二类是对沉降较大的一侧采取顶升纠偏技术,如图 7-16 所示。第三类是这两种方法混合使用。加固纠偏技术不仅要根据实际情况进行调整,在创新方面也要与时俱进。经过专家论证,生石灰砖渣挤密桩法主要用于工程的加固,在一定程度上可降低成本,加快施工速度,且无需大型机械,污染、噪声小,能够在一定程度上提高地基的承载能力,改善地基的不均匀沉降。再生技术需要根据不同的建筑情况、时代进行创新和调整,再生技术创新是前期投资、后期建设和运营的保障。

 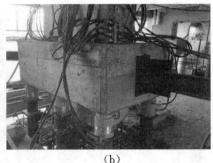

(a)   (b)

图 7-16　既有建筑再生技术创新

(a)顶升纠偏技术(一);(b)顶升纠偏技术(二)

2.空间创新是载体

空间作为一个容器,是物质层面改造结果的综合呈现,能够承载所有技术,空间创新则是创新系统的载体。按照空间尺度划分,空间创新主要可以分为整体空间创新、局部空间创新、内部细节创新三个层面;按照处理方式划分,空间创新包括既有空间的改善和新空间的创造两个方面;按照设计手法划分,空间创新包括对旧空间垂直分割、水平分割、内部空间合并、新旧空间衔接等方式。为了增强建筑的韧性,通过建筑空间布局,改善建筑功能,使其与时代发展需求相适应,实现可持续发展。

在空间创新的过程中,为实现既有建筑再生设计的空间韧性,创新的目标应紧扣韧性的原则,充分发挥空间的载体作用,在物质层面上协调好各个因素,再生空间是依托各个因素创造而成的。以北京某老旧四合院空间改造为例,项目原是位于北京二环里胡同中的传统合院,院落占地约 250 m²,目标是破旧杂院改造为四合院民宿。空间设计上,入口进门首先是一条笔直的廊道,右侧是对公众开放的咖啡馆,廊道尽头是内院的大门。院内共设计 6 间客房,建筑面积与功能布局各不相同,3 间是 loft 格局的小客房,另外 3 间为大客房。除客房外,其余室内空间均为公共空间,日常作为展览空间使用。通过空间再生,设计师将新功能、新空间融入既有建筑中,解决老宅的痛点问题,协调好私密性与开放性的关系,同时空间记忆得到了传承,并与自然和谐共生,如图 7-17 所示。

图 7-17　北京某老旧四合院空间改造

(a)再生设计前的屋面;(b)再生设计的内景;(c)新旧空间衔接设计;(d)内部空间分割

7.2.3　经济创新与管理创新

1.经济创新是支撑

经济创新是经济决策与行为创新的表现。经济增长是人们进行再生利用改造的直接目的。经济创新为既有建筑再生设计提供资金支持,起到了重要的支撑作用。

市场创新是在社会主义市场经济条件下,企业为实现各种新市场要素的商品化和市场化而进行的一系列活动,其以市场为导向创造经济价值。新的经济价值应围绕人的需求、既有建筑自身价值和区域发展价值三个方向进行发掘。经济创新也是增强经济韧性的重要手段,市场经济变化多端,在进行既有建筑再生设计项目时,唯有与时俱进,并且自身不断创新,才能在市场竞争中获得成功,为再生项目提供充足的资金支持。

运营使用阶段经营模式的创新能够影响建筑的再生寿命。再生建筑通常需要投入大量资金进行日常维护,好的运营模式应该具有一定的韧性,能够保证资金链的稳定性和可持续性。对于居住建筑,运营模式通常与社区组织相关;对于经营类建筑,运营模式则与企业运营挂钩;对于公共服务类建筑,运营模式则与政府和建筑所有者相关。

2.管理创新是手段

世界级优秀企业的实践经验证明,领导者需要"系统思考",在战略、资本、关系、领导力、文化等五个方面制定相互匹配、相互协同的措施。优良的管理可以延长建筑的使用寿命,减少资源浪费,增加无形的价值。

管理是既有建筑再生创新工程的主要手段,是管理者对于整个系统的组织、决策、计划、领导、激励和控制的过程。随着观念创新、模式创新、技术创新、空间创新、经济创新的变化,管理手段与办法也应顺应发展而做出适应性的调整和创新,以促进管理韧性不断完善。管理创新包括组织结构的创新、人群韧性管理的创新、组织文化的创新、组织目标的创新、管理手段的创新等内容,通过管理创新加强对既有建筑再生过程的控制。管理的重要性体现在:一是使组织在平时正常发挥功能;二是能够在突发情况下迅速进行组织;三是起到信息集成、统筹协调的作用,辅助再生利用目标的实现。

例如,苏州平江历史街区保护整治工作多措并举,通过管理方式创新增强街区韧性,从而加强景区经营管理,具体手段如图 7-18 所示。

租金市场化与业态培育相结合	物业化管理和商会自治相结合	建立平江路业态及装修公开审核机制	建立管家式服务
对于非遗、文创类业态,在明确经营产品详细清单和符合国有资产管理规定的前提下给予适当优惠,积极为商家争取文化、旅游、科技等多条线的产业扶持。与此同时,引导商户适应当下新形势,实行线下实体店+线上网店的模式,创新经营思路,定期举办特色培训班,吸引消费人流,力争实现线上和线下的共赢。	完成了平江路主街非机动车停放整顿。为整合商家资源,平江路商会于2017年4月正式成立,商会成员不仅带头执行平江路管理方面新举措,同时也积极参与平江路发展各项工作,例如商家品质化管理考评、业态风貌审核、街区品牌推广等,共同为平江路的发展出谋划策。	为加强平江历史街区沿线及支巷风貌业态的监督管理,平江片区管理办、景区城管中队、古建设计公司、平江路商会代表、古城保护专家及平江历史街区公司成立了平江路风貌业态审核小组,主要针对平江路沿线商户的装修、业态调整、户外广告设置等进行严格审批。通过先审批后施工的方式,从源头上控制街区风貌业态。	公司更加重视街区内的安全生产工作,加大街区的安全巡查力度,落实各项预防措施,如:定期安排用电、用气安全专业人员进行大排查等,确保街区安全;有序运营,为广大游客和群众营造一个安全、祥和、舒适的旅游环境;同时推出商户管家式服务,工作人员采用轮休、分段包干的方式,保证商户的各类问题能够得到及时处理。

图 7-18　苏州平江历史街区管理创新手段

7.3　创新韧性现状的问题分析

创新能力不强是我国发展的"阿喀琉斯之踵",我国的科技发展水平总体不高,科技对社会经济发展的支撑力不足,与发达国家相比,我国科技对经济增长的贡献率不高。建筑行业同样存在创新能力不强、创新韧性不足的问题。对于既有建筑再生设计而言,创新韧性较弱导致了我国的再生利用工程成果较少、投入资金较少、再生效果差等问题。通过调研我国的既有建筑再生工程,同时与国外的既有建筑再生设计成果进行横向对比,本章分别从理论与文化创新、规划设计创新、施工技术创新、运营维护创新四大方面分析我国既有建筑再生创新韧性现状问题。

7.3.1　理论与文化创新

1.创新文化待普及

再生利用的"创新文化"未能在我国形成成熟的价值观。"创新文化"未普及,导致一味地拆除既有建筑,简单粗暴地追求经济效益,新旧文化的创新与传承割裂;"创新文化"未普及,导致原封不动地使用既有的技术和设计,不做适应性的调整,不考虑长远的发展规划。这些问题出现的主要原因,与我国现处的社会经济发展阶段有关,包括:国民科学文化素质有待提高,某些传统文化思想不能够适应时代发展,人们对于既有建筑价值的认识不够充分。

例如,20 世纪 70 年代末香港邮政总局(第三代,1911—1976)被拆除,2017 年上海一座优秀历史建筑遭业主擅自拆除等,造成了文化经济价值的损失,如图 7-19 所示。

(a)　　　　　　　　　　　　　　　(b)

图 7-19　既有建筑被拆除

(a)香港邮政总局原貌;(b)被擅自拆除的上海某优秀历史建筑

2. 创新理念待培育

我国在既有建筑再生利用方面的创新理念正处于快速发展阶段,新理念内容不够丰富,理念转化为实际项目的案例也处于探索阶段。1964 年美国园林景观大师劳伦斯·哈普林首次提出了建筑再循环理论,此后几十年西方发达国家在旧建筑的改造与再利用方面取得了显著的效果,并积累了丰富的经验。国内与既有建筑改造相关的理论有共生理论、可持续理论、绿色再生理论等,相比之下许多发达国家的城市改造理论更加前沿。

3. 创新体制待完善

我国在既有建筑再生利用的模式、体制、机制方面有待完善,创新能力略显不足。我国的既有建筑改造标准正在逐步完善,适用于我国国情的再生利用系列标准和规范也在逐步形成体系。国外许多发达国家在相关法律法规的制定方面更加先进,对我国政策的制定具有学习和参考价值。

21世纪以来,西方各国延续着20世纪的节奏,大有"将改造进行到底"之势。从节能、绿色、生态等角度出发,掀起了新一轮既有建筑改造热潮。德国政府还设立专门的基金用以推动旧房改造,对建筑改造工程提供资金上的优惠,以实现提高建筑舒适度、降低建筑能耗、减少环境污染的三大目标。具体行动上,德国每年投入大量资金用于旧房改造,旧房改造的内容很多,包括增加建筑外保温措施、更换高效门窗、替换高能耗的采暖措施等,通过这些维护更新方法,德国的旧房改造取得了很好的效果。

4. 创新能力待提高

我国具有独特的社会制度、文化体系和地域特色,植根于本土进行文化建设和理论研究是我国创新的重要发展方向。基于自身的特质和需求产生的文化创新,更加符合区域人民的需要,更具韧性和生命力,同时也增强了我国的文化韧性。

5. 与社会经济同步发展待强化

我国城镇化率已突破60%,进入城镇化的中后期,对于建筑再生利用而言,应当意识到今后人们对于监护空间的需求变化。例如,既有建筑的适老化、智能化、数字化改造,功能特色化、差异化改造,空间高质量、高效率改造等方面,还存在诸多不足,应根据建筑所处地区结合我国国情和城市发展的客观规律进行预判。

7.3.2 规划设计创新

1. 功能模式待完善

回顾近些年我国在既有建筑改造规划设计方面的经验和成果,如何创造合适的功能模式,如何满足人们生理和心理需求,更加灵活、高效地进行功能布置,如何在经济上保持稳定和可持续以增强社会经济韧性等方面,还有很大的提升空间。

例如,居住类建筑的改造中缺少公共空间环境的营造。创新的重点应回归到促进人与人的情感交流,营造更加舒适、科学的人居环境,可以增设创新型的多功能活动空间,完善社区的公共服务基础设施配置,如图7-20所示。

图 7-20　社区设置公共阅览室

2. 生态环境待提升

生态文明建设是近些年来为实现可持续发展而提出的要求。既有建筑改造在环境景观风貌营造方面取得了创新的初步成功,但是依旧存在建筑内部及周边的绿地景观使用效率低下、生态系统功能低下、生态韧性不强等问题,所以在规划设计的创新中还要针对提高生态效益进行完善。

例如,某合院建筑的中庭为整个建筑空间的中心,具有重要的生态景观和交流休憩功能,改造后的建筑中庭活动功能和景观功能更加丰富。但是,在如何更好地融入周边生态系统环境和推动城市生态系统发展方面,还存在一些问题,如图 7-21 所示。

(a)　　　　　　　　　　　　　　(b)

图 7-21　某合院建筑生态环境

(a)庭院空间封闭;(b)植被单一

3. 立面风貌待丰富

我国的一些既有建筑的立面风貌常常出现新旧不协调、呆板单调、不符合现代人的审美要求、细部设计不足、与地域文化环境和风貌环境不协调等问题。韧性思维强调公众认可和公众参与,在立面风貌创新设计的过程中,应适当鼓励和强调公众参与。此外,在材料选择、色彩运用、细部设计等方面可继续创新,推动城市风貌有序更新。

4. 空间组织待突破

对于既有建筑的空间改造,无论是整体空间重构还是局部空间重构,还是内部细节设计,通过外接式、增层式、内嵌式、下挖式等建筑结构改造方式均可以有效地丰富既有建筑的空间组织形式。但是,与国外的既有建筑改造进行横向对比,我国的空间创新能力还是稍显逊色,在空间设计和技术运用上也依旧存在差距。

5. 设施设备绿色化智能化不足

随着时代发展,信息技术在建筑领域的应用越来越深入和广泛,但我国既有建筑改造领域对于绿色智能设备和设施的使用还不够充分。造成这种问题的原因是部分设计师缺乏多学科的知识作为后盾支持,使得改造后的建筑韧性达不到要求。

7.3.3 施工技术创新

1. 结构拆除技术

我国在结构拆除技术方面的问题主要是技术的稳定性不够、对原结构的损伤较大、噪声大、污染大、成本高、效率不稳等。不同项目施工方案的制定过程,在一定程度上讲就是结合具体项目的创新过程。比如,结构无损拆除技术需要在保证安全的前提下,根据不同结构材料的特征对具体步骤进行创新(如创新精细化切割等),提升结构拆除技术的韧性。

2. 地基处理技术

地基处理技术近 40 年来在国内外迅速发展,老的地基处理方法不断得到改善,同时新方法也不断涌现,在施工方法、施工工艺和设计理论等方面都实现了不同程度的创新。此项技术创新的不足主要体现在各类地基处理技术之间及各种不同工艺之间的相互渗透交叉还有待完善,技术效果、经济效益和社会效益还有待提高。

3. 加固技术

建筑工程的加固技术可以提高建筑物的适用性和耐久性。我们将加固技术运用到结构中,可增强结构的稳定性。

4. 改建更新技术

对于建筑主体结构进行整体置换的设计施工方案与风险控制还须进一步完善,包括进一步丰富和提升现有的既有建筑改造技术,加强对新、旧结构的工况整合和穿插利用,以及对新、旧结构相互制约下的节点形式进行相应的施工优化,并对风险进行预判和控制。

5. 地下管网修复技术

在城市排水系统中,排水管网投资较大,几乎占据了总投资的60%,而污水管网工程的维护成本投入较大,且在进行维修的过程中,地下管网开挖工程施工还会给其他管道以及交通等带来极大的影响。针对污水对管网混凝土造成腐蚀的问题,以及在管网因腐蚀而发生渗漏后给城市其他管网、地下水以及土壤所带来的一系列影响,就需要采取科学手段来解决,如通过运用污水管网检测修复技术来确保城市污水管网的安全。

7.3.4 运营维护创新

1. 运营机制

运营机制是一种管理和运作规范,也是一种管理文化环境,通过员工与组织长期的互动协作、互动沟通逐步形成。

我国既有建筑在运营维护方面还存在一些不足,建设单位、施工单位、建设行业主管部门及再生建筑的所有者在效益评价与量化、补偿机制、监管机制、激励机制、利益分配决策等方面还有待提升,显示出灵活性不足、韧性不强、抗压能力不强等问题。

2. 建筑养护

建筑的日常养护包括建筑的定期养护和建筑的维修护理。而项目在实际的运营维护过程中常常在建筑养护方面"偷工减料",因为建筑养护耗资较多,所以今后的创新方向可以在降低养护成本、提高养护效率、增强养护效果等方面进行深入研究。同时,还要加强对建筑质量的检测,检测技术也要进行创新。

3. 设施设备管理

设施设备管理包括给排水系统管理、供电系统管理、空调系统管理、供暖系统管理等。目前我国在设备设施系统管理方面仅停留在保证安全的层面,而要适应时代发展仅考虑安全因素是不够的,还要满足人们对舒适感、人性化、节约资源等方面的要求。设备设施管理创新还要加强智慧化和数字化的监控,从系统搭建方面进行创新,加入物联网等高效、实用的理念。

4. 环境卫生

为了保持既有建筑再生后的环境卫生,需要注意日常管理维护,环境卫生的管理包括环境污染防治、环境保洁服务、环境绿化美化等。例如,新冠肺炎疫情时期,为了保证大楼的卫生和安全,会对建筑进行系统性的卫生分区,并进行消杀。

7.4 创新韧性优化与设计策略

创新韧性的优化策略可以从理论基础、创新主体、创新价值、驱动模式、创新特点等方面进行提升。创新范式的演变过程。如表 7-1 所示。我们在创新范式 3.0 的基础上,充分融入防灾性、抗灾性、适应性、可持续性等功能特点,结合既有建筑再生利用的特点,从物质层面和意识层面分别提出创新策略。

表 7-1 创新范式的演变过程

时段	创新范式 1.0	创新范式 2.0	创新范式 3.0
特征	线性范式	耦合交互创新	创新生态系统
理论基础	新古典经济理论和内生增长理论	国家创新体系	演化经济学及其发展

时段	创新范式 1.0	创新范式 2.0	创新范式 3.0
创新主体	企业单体内部	政产学研用	产学研用"共生"
价值战略重点	自主研发	合作研发	创意设计与用户关系
价值实现载体	产品	服务＋产品	体验＋服务＋产品
驱动模式	技术	用户、人	多主体驱动
创新模式	集中式内向型创新	统筹外部协同创新	生态系统化跨组织创新
创新出发点	在研究内部纵深结构的战略下，发展专业技术	以用户为中心，以社会实践为平台的用户参与创新	多主体参与，多要素互动，技术进步与应用创新互动，推进科技创新
创新特点	创新扩散，外部效应	共同创新，开放创新	用户导向的创新，战略生态位管理创新
创新驱动模式	"需求＋科研"双螺旋	"政府＋企业＋学研""需求＋科研＋竞争"三螺旋	"政府＋企业＋学研＋用户""需求＋科研＋竞争＋共生"四螺旋

7.4.1　物质层面创新策略

在物质层面，主要针对功能模式、生态环境、立面风貌、空间组织、设备设施及各类施工技术方面的不足，从空间设计、建筑结构、设备设施、建筑材料、关键技术和智慧系统等方面提出创新策略，如图 7-22 所示。

图 7-22　物质层面创新策略

将后工业时代的计算机辅助设计、仿真计算等手段引入既有建筑的再生利用过程,并进化为基于全球网络、知识信息大数据和云计算的市场预测与后评估、产品结构功能设计、理化生性状分析、工艺流程与制造工程、用户物理与心理体验、社会与生态环境效应、行销服务方式与绩效等的多元综合虚拟现实与分析。

1. 空间设计

随着建筑的规模和数量不断增长,建筑抗灾性能的提升越来越受到各方重视,通过空间韧性重构创新可增强既有建筑对灾害的抵抗能力。例如,在天津拖拉机厂J地块厂房改造设计中,设计者采取植入十字轴的策略,把L形厂房分解成四个相对独立但又互相搭接的体量,减少大开间和大进深空间,增加开敞空间,提升内部空间可达性,如此该厂房对灾害的抵抗、承受、适应能力都有所增强,如图7-23、图7-24所示。

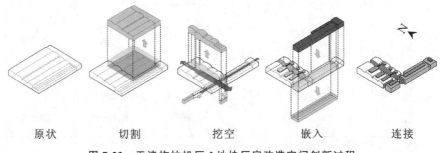

原状　　　　切割　　　　挖空　　　　嵌入　　　　连接

图 7-23　天津拖拉机厂 J 地块厂房改造空间创新过程

图 7-24　天津拖拉机厂 J 地块厂房改造成果

2. 建筑结构

在建筑结构的改造中,应尽量保留原有结构构件及其历史信息,减少不必要的拆除及更换。建筑结构改造创新的要点和方向主要包括建筑结构绿色化、实用化、高效化等,应尽可能采用绿色结构。例如,天津拖拉机厂厂房延续红砖作为主要材料,设计师重新界定厂房的开间、进深及高度等尺度,保留特色,适当拆除,新增安全结构,形成新加钢筋混凝土框架结构及牛腿排架式的结构体系,如图 7-25 所示。

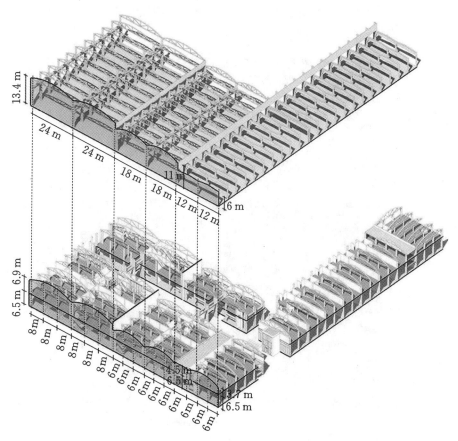

图 7-25 天津拖拉机厂厂房建筑结构更新

3. 设备设施

为了实现碳达峰和碳中和的目标,降低能源消耗和对环境的影响,零碳建筑主要向着脱碳、电气化、高效率和数字化方向不断发展。其中降低机械设备的运营能耗,减少施工现场空气污染,降低施工现场的噪声,需要采用低碳、绿色的机械设备,在建设阶段、运营阶段发挥节能作用。

例如,在西班牙 Turó de la Peira 体育中心(见图 7-26)的再生设计中,通过在屋顶平台覆盖光伏板,生成建筑所需的 90% 的能量。建筑中设有气动热系统,能够收集热量并用于生产热水,照明方面则安装了可根据自然采光状况自动调节的能源控制系统。

图 7-26 西班牙 Turó de la Peira 体育中心

4. 建筑材料

未来的建筑材料创新具有绿色低碳、网络智能、超常融合、可持续发展、美观时尚等特征。可在超常结构功能材料、可降解材料、可再生循环材料等方面进行探索,研发具有自感知、自适应、自补偿、自修复功能的智能建筑材料,如图 7-27 所示。绿色材料的优点主要体现在提升材料的可再生性和减少固体废弃物。对于材料的美学特性,创新的关键是材料的选用要合理、新颖,让使用者赏心悦目。建筑材料的恰当运用和表达还有待探索及创新,例如,如何将中国传统文化注入材料的创新研发中,使材料的外在性与内在性相互联系、相互融合,进而相辅相成、相得益彰。

(a)   (b)

图 7-27　智能建筑材料

(a)透明铝材;(b)自修复混凝土

5. 关键技术

关键技术的突破有助于提高既有建筑再生设计整体水平。关键技术主要指的是工程技术创新,在智慧城市的建设背景下,信息数据、云计算、AR增强现实技术等更加科学、先进的方法,有助于推动既有建筑再生在检测、设计、施工等方面取得突破和进展。

6. 智慧系统

智能建造是以人工智能为代表的智能技术与先进建造技术深度融合的新建造模式。智慧建筑有六个重要评估要素,分别为连接性、健康和福祉、生命和财产安全、电力和能源、网络安全及可持续性。例如,BIM 技术具有可视化、协调性、模拟性、优化性和可出图性五大特点,BIM＋VR 技术可用于设计、施工、地产营销及市政基础设施中复杂结构施工方案设计和施工结构计算,解决"所见非所得"和"工程控制难"的问题,如图 7-28 所示。建筑所有者和投资者能够确定哪些智能建筑技术将产生期望的结果,例如增加的财产价值、更高的入住率或更具生产力和吸引力的工作环境。

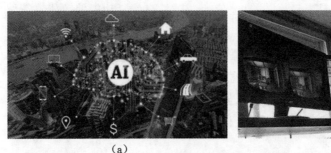

（a）　　　　　　　　　　　　　　　　　　（b）

图 7-28　智慧系统

(a)智能建筑；(b)BIM＋VR 技术

7.4.2　意识层面创新策略

在基于韧性视角的既有建筑再生设计过程中,意识层面的创新同样重要,具体总结为四个方面,分别是培育创新文化生态系统、重视规划设计科学性、构建创新经济体系、完善管理运营模式。

1. 培育创新文化生态系统

从构成主体的角度分析,创新文化生态系统包括创意部门、金融部门,以及服务对象和受益者,如图 7-29 所示。创意部门由高等院校、科研院所、科技企业等创新主体构成,金融部门主要依托金融机构提供投资和资本,服

图 7-29　创新文化生态系统的组成

务对象和受益者包括行业、企业及任何可以利用创新文化生态系统资源的主体,例如政府、消费者、高校及科研院所。

创新文化生态系统的进步,需要通过系统内资源再配置形成更高效的资源利用机制,以促进经济社会的发展。其中任何个体都不是孤立存在的,而是通过资源、知识的交换与外部环境形成相互联系的整体。

创新范式的变革与升级从工程化、机械化的创新体系迈向生态化、有机化的创新文化生态系统,如图 7-30 所示。其本质是一个由相互连接的组织构成的网络。这些网络围绕一个核心企业或平台,生产方和用户方同时参与,在此基础上通过创新实现价值的创造和共享。

宜居生活	创新空间	品质氛围	城市格局	保障机制
高品质的生态环境、完善的公共服务配套	多样复合创新空间形态、全过程的创新空间	公平竞争、开放自由、鼓励创新的文化精神	高效的人流、物流、技术流,聚焦与流动的城市格局	促使生产要素在创新系统内充分融合、高效运行

图 7-30　生态化、有机化的创新文化生态系统

2. 重视规划设计科学性

各个要素之间并不是简单的线性关系,而是有层次和结构、多对多的交互性关系,如图 7-31 所示。随着社会发展,多学科交叉成为未来发展的必然趋势,土木工程、建筑学、城乡规划、环境能源、信息技术、哲学等学科融合发展,将不同学科的观念与成果引入既有建筑再生设计项目中,体现了韧性理念中多样性、协作性的原则。建筑改造向着智能化升级的过程中,科技创新、机制创新、理念创新三者往往相互结合,勇于创新、支持创新,使得我们的城市更加智能化,生活更加美好。

3. 构建创新经济体系

经济体系的创新需要依托知识创造,新知识的创造及商业化成为社会资源配置的重心,创新型企业已成为现实经济中占主导地位的经济行为主体。经济体系的创新是基础设施条件、创新文化生态系统和创新环境建设

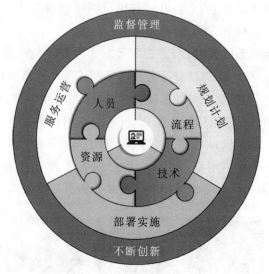

图 7-31　多重要素相互融合

的结合。现在的经济活动主要是为了追求持续创新和速度经济，而不是以追求规模经济为目标。

创新活动的生态特性包括自组织性、自增长性等动态演化性。创新文化生态系统依存于稳定的宏观经济环境和利于科技资源配置及流动的体制与机制。创新文化生态系统是一个共生、共享、共赢的系统，可增加包容性创新以及适度的知识产权保护。

4. 完善管理运营模式

物质层面的创新是一种具有特殊性的生产活动，其所处环境具有不稳定性和不确定性，需要依托管理组织创新增强管理韧性，包括灵活管理及营造创新环境适应性等。

在新时代新形势下，合作创新将是创新发展的必然趋势，也是韧性视角下技术创新的主要模式。合作创新能够实现信息技术共享、优势互补、风险共担，将外部技术资源内部化，为既有建筑再生利用物质层面的创新成功增加可能性。在知识经济时代的背景下，企业拥有重要资源、核心能力及关键技术对于未来的发展至关重要，公司合作创建知识联盟，有助于加强不同类型的组织合作以实现双赢。

运营组织层面有四项关键影响因素，分别是物理环境、凝聚力、参与性、风险性。创新的决策应从创新战略、创新内容、创新模式、创新程度、创新的投入规模，还有核心技术、核心产品、市场定位、目标人群、品牌创建等方面进行改善。创新主体也由设计单位向大众下沉，形成精英和群众共同参与的创新模式，使再生文化落地生根。

8

既有建筑再生设计案例分析

8.1 项目概况

陕西钢厂(以下简称陕钢)曾是全国八大特钢企业之一,20世纪80年代中期陕钢发展达到顶峰。20世纪90年代,随着产业结构的调整,陕钢日渐衰退。从1998年陕钢申报破产到2001年陕西省政府批准破产这段时间,生产停止,工人下岗,厂区景象日益破败,大量的土地、建筑、设施和设备被废弃或闲置,周边地区经济状况惨淡,如图8-1所示。

图8-1 陕钢停产后的景象

2002年,陕钢进行破产拍卖。同年10月,西安建大科教产业有限责任公司以2.3亿元的价格成功收购陕钢的资产。在科教产业园的基础上,将厂区分为三个部分,进行学校化改造、创意园区式处理、房地产开发三种方式的再生利用。经过多手段、多模式的改造更新,在最大限度发挥老厂区价值的同时,成功地安置了原厂2500余名职工,在一定程度上保证了社会稳定。此外,由高校控股企业直接收购国有大型企业的破产资产,这在全国尚属首例。

2018年6月,西安市新城区政府、西安建筑科技大学、西安华清科教产业(集团)有限公司与中国能源建设集团西北建设投资有限公司合作,为陕钢改造签立框架协议。该协议在西安建筑科技大学的校友回归特别活动中

正式签署,标志着陕钢的改造进入实质性的发展阶段,改造历程如图 8-2
所示。

图 8-2　陕钢的改造进程

陕钢改造主要分为三种模式,即生产模式、校园模式、房地产模式。生
产模式即在工厂原有的生产基础上,嫁接西安建筑科技大学的研究技术,重
新进行工业生产;校园模式是将旧工业建筑进行大胆保留,结合文教类建筑
的功能需求进行改造;房地产模式是将优越的地理环境和校园环境相互融
合,利用西安建筑科技大学的设计优势,开发出颇具特色的房地产项目,该
项目一度被评为西安高性价比房地产项目。西安建筑科技大学华清学院改
建是一项整体性的改造工程,西安建筑科技大学华清学院前身为陕钢的厂
区,在改造初期进行了大量的拆除和整理工作,并且对周边的环境进行了严
格的整治和规划,使得旧工业厂区可以完成向文教类建筑的转换。西安建
筑科技大学华清学院对陕钢的建筑进行改造,以工业遗产的再利用为理念,
充分尊重原有厂房的建筑风貌,使得本来已经废弃的旧工业厂房得到了
重生。

旧工业建筑改造与周围的城市环境是分不开的,它将一个消极的空间
改造成一个积极的空间。旧工业厂房裸露的结构和建筑外皮,很符合文教

类建筑真实、质朴的特点。从城市更新和生态节能上考虑,结合旧工业建筑灵活大空间的特点,建筑可以随意地加建而且很容易被改造成为任何形态,几乎很少受到周边环境的束缚。通过对改造过程进行分析,引发改造中对校园环境点、线、面的推敲,重构校园环境的新格局。

在陕钢原有功能区划分的基础上,整个校区被分为教学区、体育区、综合服务区和住宿区,并根据原有建筑的特点和学生的需求,将建筑面积较大的第一、二轧厂作为教学区域,煤场改造为运动区域,具有独特外形的天然气发电站区域被规划为综合服务区域,拥有更多简易建筑的东部储藏区和既有的铁路专线改造为特殊的住宿区域,位于操场东侧的煤气发生站则改造为学校新食堂。

西安建筑科技大学华清学院教学园区建设规划与重点工程设计由西安建筑科技大学的专家教授组织,平面图如图 8-3 所示。在充分尊重原西安建筑科技大学华清学院校区风格的基础上,合理利用原有的旧工业建筑资源,以工业建筑原有建筑风格为重点,进行大胆而新颖的创新设计,部分保留了原有的特色,展现了旧工业建筑从衰败到重生的历史演变,体现了对人文、历史、环境的深刻反思,使本来已经废弃的旧工业建筑获得了重生,营造了浓郁的产业文化氛围。

工业厂房内部的空间足够大,灵活性强,西安建筑科技大学华清学院将图书馆内部改造为大空间与小空间嵌套的形式,可满足不同使用功能对空间尺度的需求。图书馆入口的大空间和大楼梯可引导人们的行为流线,小空间满足辅助功能需求,开敞空间给人们提供休息的空间,高大的厂房上部空间带来了优越的自然光线,形成集中型的空间序列。西安建筑科技大学华清学院通过对陕钢的修复、翻新,增强了建筑的实用性和舒适性,提高了建筑的能效。

在改造的过程中,给图书馆的总体定位是拥有大的建筑空间,周围有园林景观,植被覆盖率相对较高,如图 8-4 所示。在改造期间,坚持最大化的旧工业建筑改造和利用的原则,一方面避免了既有建筑彻底拆毁重建造成的资源浪费;另一方面,基于既有建筑现状进行的再设计产生的建筑垃圾大幅

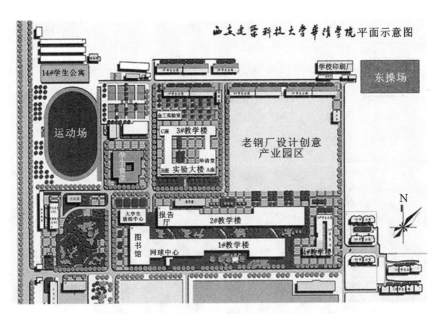

图 8-3 西安建筑科技大学华清学院平面示意图

图 8-4 总体定位

(a)工业记忆;(b)园林景观;(c)校园文化;(d)建筑空间

度减少,减轻了环境承载力,同时适当保留一些原有的工业记忆,使得陕钢又恢复活力。

图书馆的设计保留了一些原有的结构,周围墙体攀附绿色植物,一方面可以达到遮阳效果,另一方面增加了建筑周围的绿化,减少了建筑的能耗。建筑外部有大的活动区域,内部空间通高,形成丰富的空间体验及良好的视觉感受。部分设计策略如图 8-5 所示。

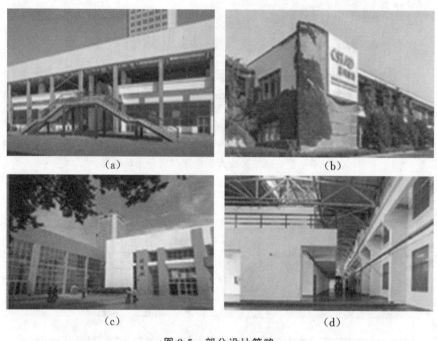

图 8-5　部分设计策略
(a)结构保留;(b)建筑绿化;(c)广场活动;(d)空间通高

改造图书馆时采用网架和混凝土相结合的结构,立面采用外挂石材、斜切石材和玻璃天窗采光,内部墙体采用白色涂料。冷色调使人安静,能减轻眼睛的疲劳感,长期处于紧张焦虑状态的人身处冷色调环境中,能放松心情。材质表达也是图书馆改造的一大亮点,综合利用混凝土、玻璃、石材和涂料等材料,凸显工业文化和现代文化的融合与碰撞,形成校园中靓丽的风景线,如图 8-6 所示。

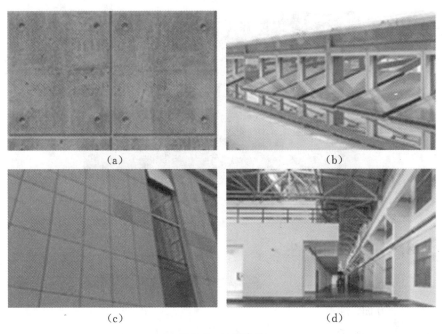

图 8-6　材质表达

(a)混凝土；(b)玻璃天窗；(c)外挂石材；(d)白色涂料

8.2　韧性分析

为适应《中华人民共和国国民经济和社会发展第十四个五年规划和2035年远景目标纲要》提出的新要求，再生利用成为处理既有建筑的优先选择。既有建筑的再生设计应注重城市居民的体验和感受，促进既有建筑的可持续发展。由于再生设计系统与结构、空间、技术、材料具有耦合关系，因此再生利用的韧性主要包括结构韧性、空间韧性、技术韧性、材料韧性四个方面，创新韧性平行于以上要素。接下来对西安建筑科技大学华清学院图书馆(图 8-7)改造项目的分析将依照空间韧性、技术韧性、材料韧性、结构韧性、创新韧性五个要素依次展开。

图 8-7　图书馆立面图

8.2.1　空间韧性

空间韧性主要包括建筑空间韧性、交通空间和应急空间韧性、生态空间韧性三个方面。

建筑空间韧性方面,图书馆内部的使用空间有一些较大的平面空间,如阅览室、自习室、书库等,将部分办公空间与其组合使用,形成大空间附带小空间的平面形式,增强了空间的丰富性,提高了空间的可利用率,体现了空间的多功能性。门厅作为建筑物主要出入口,是内外过渡、人流集散的交通枢纽。在一些公共建筑物中,门厅除了联系交通,还兼有适应建筑类型特点的其他功能要求,所以门厅在设计时应具有明确的导向性,交通流线简洁通畅,避免人流交叉干扰;应有良好的天然采光;应使疏散安全;空间应通高设计,给人一种视觉冲击。

交通空间和应急空间韧性方面,图书馆作为高校的重要使用建筑,为了缓解人流在短时间内密集,将入口设计成大空间,加之大楼梯辅助使用,不仅起到良好的人流引导性,而且大空间与厂房屋顶的特色桁架结构组合形成丰富的空间体验及良好的视觉感受,解决了以往交通空间的互通性不强、应急空间连接不畅、导向性弱的问题,从而保证了建筑的应急疏散效率。图书馆主次入口方便识别。入口的大空间和大楼梯相结合具有一定的指向性,能够在紧急情况下快速疏散人流,如图 8-8 所示,作为一家特种钢材生产企业,原陕钢厂需要满足原材料和成品的运输需求,因此建造了宽敞的道路,并且道路的转弯半径很大,路面具有一定的承载能力。改造时除了保留原路网系统,还设计了满足生活需求的二级公路和观光步行道路。

图 8-8　图书馆入口

　　生态空间韧性方面,图书馆周围植被覆盖率较高,裸露土地占比较少,如图 8-9 所示。道路铺设采用透水材料,有利于雨水的吸收和净化。道路交通层次清晰,主干道、次干道清楚明了,满足多样的供需要求。工业厂房的内部大空间、屋顶的桁架结构和优越的自然采光为图书馆的改造提供了良好的基础,使得图书馆在改造过程中可以灵活设计,比如考虑了绿色节能的内

图 8-9　图书馆周围绿化情况

容,更新了立面的玻璃,用水平和垂直透明窗替换了原来的玻璃,明亮、独特的低角度阳光入射角为图书馆增加了独特的风景。

8.2.2 技术韧性

工业建筑再生技术韧性研究是从安全、经济、社会和环境四个方面进行分析的。图书馆由原来轧制车间西段的加热部分改造而来,改造的过程中保持了建筑的原始高度。门窗是室内外热交换及采光通风的主要媒介,也是建筑物中保温隔热能力薄弱、热工性能较差的部位,改造中更新了立面的玻璃(图 8-10)以抵御自然环境对建筑的不利影响。西安地区夏季炎热、干燥、太阳辐射较强,对建筑外墙进行垂直绿化为常见的遮阳措施(见图 8-11)。这种方式改造费用较少,可以减少对建筑内环境的影响,改善建筑室内热环境。工业厂房的内部大空间、屋顶的桁架结构和优越的自然采光显著降低室内能耗,在自然通风状态下,桁架结构与透明窗相结合,提高室内舒适度,避免依赖空调设备,阳光的照射为图书馆增添了独特的风景。加固外漏屋顶,增加隔热层,阻止冬季热量流失和夏季太阳辐射,不仅节省了改造成本,还减少了能耗。在条件允许的情况下,尽可能地依靠自然通风。合理布置照明,也是节能的有效途径。图书馆在充分利用自然采光的基础上,辅助以人工照明,照明灯具均采用高效节能灯具。

图 8-10　立面玻璃　　　　　　　　图 8-11　外墙垂直建筑绿化

陕钢原有建筑和生产工具是该地区工业遗产的载体。用于高炉煤气传输的大型排风扇被移除后,通过更换叶片和喷漆翻新,成为转动的风车;原有的轧钢连铸车间虽然已经消失,但铸铁齿轮由于移除难度大被留存在现场,对铸铁齿轮表面的铁锈进行打磨和抛光后,涂上黑红相间的防锈漆,作为静态的工业雕塑。这些景观小品一方面塑造了独特的风景,另一方面提高了资源的利用率。

8.2.3　材料韧性

图书馆外墙采用干挂石材工艺(见图 8-12、图 8-13)。干挂石材质地坚硬,抗挤压,能有效地避免传统湿贴工艺出现板材空鼓、开裂等现象;具有良好的防渗、防潮性能,可以抵抗各种酸碱腐蚀和风化侵蚀,石材可回收并且可以重复利用,可明显提高建筑物的安全性和耐久性;可以避免传统湿贴工艺出现的泛白、变色等现象,有利于保持外墙清洁、美观,防止老化。石材与结构之间会留出 40～50 mm 的空间,具有保温隔热功能和环保节能优点。然而干挂石材也有着自身的不足:由于其施工技术复杂,故施工成本高昂;因为悬挂在外墙上,受自身重力作用,更容易脱落,具有一定的危险性,抗震能力差;从幕墙结构来看,结构石材面板共同固定在骨架上,石材与骨架连接成整体,在地震作用下,不利于位移变形;面板与骨架之间缺乏足够的活动余地,面板不可避免地会随着骨架同步振动,其抗震措施主要依靠骨架与主体结构之间的活动连接来实现。

图 8-12　外挂石材立面　　　　　　　图 8-13　主立面石板贴面

相对于传统建筑材料,玻璃作为现代建筑材料,具有其独特的优点,比如施工和安装更加容易,选择性更多,其透明和半透明、折射与反射的特点,凸显其美学特性。用水平和垂直透明窗替换了原来的玻璃,明亮、独特的低角度阳光入射角为图书馆增加了独特的风景。玻璃天窗(图 8-14)不仅在视觉上给人较为轻盈的感觉，更具备透明性，在空间上给人以流动感。玻璃本身还可以进行复合加工，通过镀膜或夹层来实现节能、保温、防火等功能。

图书馆由于跨度较大，采用大跨度的轻钢网架结构（见图8-15）。轻钢是用薄钢板外表镀锌制成的，这个结构与木结构的龙骨类似，但木结构的连接节点采用的是钉子，而轻钢结构的连接节点用的是螺栓。轻钢结构的优点：质量轻、强度高，可以减轻结构自重；可以扩大建筑的开间，同时也能灵活地进行功能分隔；具有良好的延展性和整体性，同时具有良好的抗震、抗风性能；工程质量易于保证；施工速度较快，施工周期较短，天气和季节对施工作业产生的干扰不大；方便改造与迁除，材料可以回收再利用，造型美观。轻钢结构既加固了结构也保留了结构原有的特点，降低了改造的成本。不过轻钢结构也存在着不足：钢构件具有较小的热阻，耐火性差，传热较快，不利于墙体的保温隔热，并且耐腐蚀性差，抗剪刚度不够。

图8-14　玻璃天窗

图8-15　图书馆轻钢网架结构

近年来，裸露的混凝土表面在建筑设计中得到更广泛的应用。混凝土曾经被认为是工业的、粗糙的、野性的材料，只适合用在结构表面，而不会用于建筑表面。然而随着建造观念的改变，清水混凝土得到了广泛的应用，图书馆的外立面就采用了清水混凝土做装饰，如图8-16所示。清水混凝土是一种环保混凝土，它不需要装饰，省去了大量的涂料和装饰费用，符合我国的绿色发展理念。由于清水混凝土是一次成型的，不容易修凿，不用抹灰，因此大大减少了建筑垃圾的产生，为我们营造了舒适的环境。清水混凝土本身带有温暖感、柔软感和刚硬感，不仅能对我们的感官体验产生巨大的影响，并且能表达出建筑的情感，降低装饰成本。但清水混凝土对施工工艺要求高,模板需要定制,螺杆洞须计算准确;对原材料要求也高,砂石、水泥都须采用同一批次的,否则会有色差,须配制自密实混凝土,不能振捣。随着时代的发展,预制混凝土块的使用结合新构造技术手段得以发展,并根据砌块尺寸的不同有不同的表达。混凝土中还可以增加复合材料,以提高自身的性能。比如高延性混凝土,又称"可弯曲的混凝土",其是以水泥、石英砂等为基体的纤维增强复合材料,具有高延性、高耐损伤能力、高耐久性、高强度(抗压、抗拉)、良好的裂缝控制能力等,还可显著提高砌体墙的开裂荷载和开裂的后继承载力,显著提高砖墙及砖柱的竖向承载力及耐损伤能力,面层能有效约束墙体,改善砌体墙的脆性特征,有效提高砌体墙的变形性能。在混凝土中加入玻璃纤维,可增强混凝土的可塑性,为人们提供更好的建筑环境。

图书馆是人们工作、学习的场所,所以在设计时应该考虑人的需求,体现以人为本的理念。图书馆普遍采用白色墙壁为主基调,这样的设计似乎少了些许用心。在专业性较强的阅览室可采用暖色调,在较为轻松的休闲阅览室可以采用冷色调,如图 8-17 所示。图书馆中书柜以及桌椅的配置(图 8-18、图 8-19)直接影响读者的使用舒适性和便利性,如书架的最高排和最低排应考虑人体行为的特征。桌椅的布置类型有成排布置、单个布置等,在材质上分木质、金属、塑料、皮革等。金属座椅在移动时会发出刺耳的声音,而且冬天入座金属座椅太冷,人会感觉不舒服。对于休闲类书籍阅读区,更倾向于布置能使人倚靠着阅读的沙发,如图 8-18 所示;对于自习的地方,则倾向于布置木质桌椅,木材加工方便且装饰效果好,如图 8-19 所示。所以,在布置书柜及桌椅时注意这些细节,将能在很大程度上提高读者的满意度。

图 8-16 图书馆外立面清水混凝土墙体

图 8-17 图书馆内部白色墙面

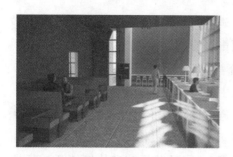 

图 8-18　休闲区桌椅　　　　　　　　　　图 8-19　自习区桌椅

8.2.4　结构韧性

图书馆顶部采用的是大跨度轻钢网架结构,立面保留了原有的承重柱和外墙墙裙,如图 8-20 所示。钢结构的优点是强度高,强重比大,塑性、韧性好,材质均匀,符合力学假定,安全可靠度高,可工厂化生产,工业化程度高,施工速度快;钢结构的缺点是耐火性差,易锈蚀,耐腐性差。与钢结构相比,钢筋混凝土结构具有很好的耐久性,在正常使用条件下是不需要经常保养和维修的;具有较好的耐火性能和整体性;可模性好,新搅拌的混凝土是可塑的,可以根据需要设计成各种形状和尺寸的结构或构件。网架结构能够获得很大的跨间,中间没有立柱;所有组件在工厂里标准化批量生产,生产成本相对低,质量易保证;安装速度快、工期短;可自由分隔,节点可以承受一定的荷载;耗钢量小。

图 8-20　图书馆顶部结构

图书馆即采用了轻钢网架结构和混凝土结构相结合的设计方法,增强了结构的稳定性。框架顶部中间部分用玻璃代替屋面板,自然采光依赖于窗户,因此窗户也是建筑能耗的主要考虑因素。大面积地采用玻璃幕墙虽然能提高图书馆建筑的美观度和现代化程度,但是玻璃的传热系数大,不利于采暖和防热,而且在阅览空间中大面积地使用玻璃幕墙会使室内照度均匀性极差,易使读者产生视觉疲劳。因此,在满足自然采光的前提下,应尽可能减少玻璃幕墙的使用,通过控制窗户面积降低能耗。图书馆外立面采用干挂石材来减少阳光的直射。

8.2.5 创新韧性

创新韧性平行于结构韧性、空间韧性、技术韧性、材料韧性,在进行改造时将新观念、新制度、新技术、新产品、新市场、新管理方式等引入既有建筑,也是推动韧性发展的强大动力。通过对既有建筑的物质层面和意识层面进行创新,能够有效地激发场地活力,带来新的生命力,实现可持续发展。

陕钢改造主要分为生产模式、校园模式、房地产模式三种模式,体现了改造观念的创新,推动了工业文化与现代文化的传承与融合,强调了生态修复治理。正是基于具有韧性的创新设计理念,陕钢在后面的改造中目标明确,立足长远。改造模式的选择关系到项目资金的投入与经济效益的产出,根据既有建筑再生后功能定位和适用人群、投入使用后的效率和期限等因素,制定适当的改造模式是日后投资、再生改造、运营管理的基础,有助于实现既有建筑的再生。

陕钢位于陕西省西安市新城区幸福林带改造区域,以西安建筑科技大学华清学院为核心,西起幸福南路,北至咸宁东路,位于城东幸福南路与建工路交会处向北200 m,占地面积122 hm²,建设和入园项目规划总投资400亿元。陕钢依托新城区的资源优势、西安建筑科技大学的学科优势、陕钢的发展优势及中国能源建设集团西北建设投资有限公司的资本优势,合力打造设计创意园、文创产业集群、华清科技园、西安建筑科技大学创新创业中心等功能板块。通过技术转让、成果转化,以及对西安建筑科技大学华清学院周边土地的升级开发,该区域蓬勃发展,独具特色,功能齐全。项目将国内外有影响力的文化创意、设计研发、生产办公和配套服务等产业集群结合在一起,定位为"西安的城市时尚名片",打造生产、生活、生态"三位一体"的建筑群。陕钢区位分析图如图 8-21 所示。

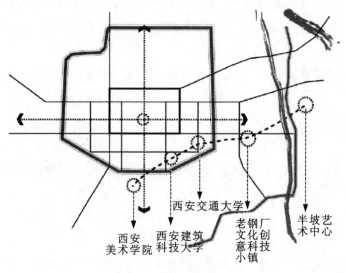

西安交通大学

西安美术学院　西安建筑科技大学　老钢厂文化创意科技小镇　半坡艺术中心

图 8-21　陕钢区位分析图

空间创新按照处理方式可分为既有空间的改善和新空间的创造两个方面。空间是物质层面所有改造结果的综合呈现。为了增强建筑的韧性,通常会对空间的功能性质、结构等方面进行调整,通过完善建筑的空间布局,改善建筑的功能,并使得建筑功能与空间结构和时代发展相适应,满足可持续发展的要求。入口的大空间和室外空间形成很好的联系,通过空间再生,将新功能、新空间融入既有建筑中,解决了原建筑的老旧现象,并对新旧空间衔接和旧空间的内部合并进行了创新。

图书馆立面造型采用幕墙与玻璃相结合,在材料选择、色彩利用和细部设计上都有创新,有效地丰富了图书馆的空间组织。对于建筑的采光设计,既有屋顶的玻璃采光,也有外立面斜切石材的采光。采取合适的遮阳方式能够减少气候对建筑内环境的影响,改善室内热环境。外墙垂直绿化为常见的遮阳方式,并且改造费用少。图书馆外墙采用的是对墙面影响较小的自然攀爬式植物,利用植物自身的攀缘性沿墙面攀爬,不需要在墙面增加构件,但要求墙面粗糙,这样有利于植物后期的攀附。

规划设计创新主要有功能模式、生态环境、立面风貌、空间组织和设施设备绿色化的创新。图书馆作为工作学习的场所,在改造的时候要营造更加舒适科学的环境,完善公共服务基础设施。改革开放后,陕钢经历了一个相对独立的运营期,在此期间建造了大量简单的临时性小型建筑,在总体规划的要求下,这些建筑物已经大量拆除,为新建筑的建设提供了空间和场所。场地保留了原有的树木,并进行了重组和绿化,图书馆周边的绿地景观使用率提高,景观更加丰富,使得图书馆能够更好地融入周边生态系统环境,如图 8-22 所示。

图书馆改造规划设计结合原有的交通系统和建筑结构的特点,既保留了原有的工业建筑特点,也满足了现有的空间功能需求。在改造的过程中,坚持对旧工业建筑进行改造和再利用的原则,解决了基地废弃后功能落后的问题,提升了建筑的活力和价值。一方面,避免了原建筑彻底拆毁重建造成的资源浪费,缓解了拆迁引起的国家财政的压力;另一方面,既有建筑更新产生的建筑垃圾大幅度减少。建筑进行功能置换时,加入了现代设计理念,激发了图书馆建筑的文化潜力,体现了区域特色。建筑采用玻璃天窗,引入节能设计理念,践行可持续发展观。

在今后的设计改造中,不仅要考虑物质层面的创新,也要考虑意识层面的创新。

物质层面主要是从空间设计、建筑结构、设备设施、建筑材料、关键技术和智慧系统等方面提出创新策略。在既有建筑的改造过程中,应尽量保留原有构件及其历史信息,尽可能采用绿色结构,减少不必要的拆除和更换。在建设运营阶段,尽可能使用低碳绿色的机械设备,减少施工现场空气和噪声污染。未来的建筑材料将体现"绿色",提升材料的可再生性,减少固体废弃物。对于材料的美学方面,要体现合理性、新颖性,让使用者赏心悦目。"十四五"规划提出要绿色化、绿色设计、绿色施工,主要体现在节约资源、降低能耗。建筑行业是能耗大户,应积极采用"四新技术",清洁施工过程,控制环境污染,尽可能采用绿色建材和设备。对于绿色化建造、绿色化生产,最好的方式是采用装配式建筑。以施工现场所需人数为例,传统现浇模式

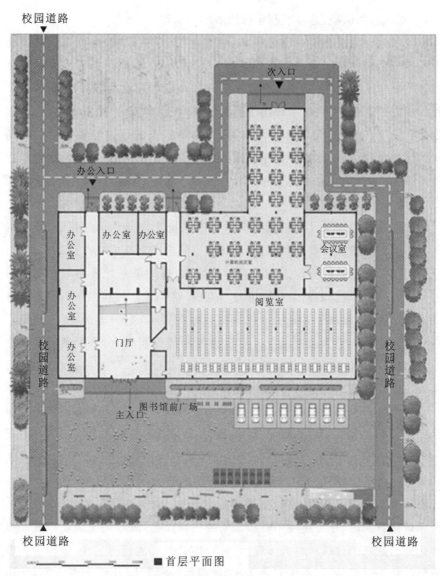

校园道路

次入口

办公入口

办公室　办公室　办公室

会议室

办公室

阅览室

办公室

门厅

图书馆前广场

主入口

校园道路

校园道路

校园道路

校园道路

■ 首层平面图

图8-22　图书馆首层平面图及周围绿化

用工 150～160 人,装配式建筑只需 40～50 人,人员能够节省60％～75％。随着人工成本上涨,未来装配式建筑的优势会越来越明显。智能化发展以数字技术作为底层基础,搭建中层数字平台,从而实现上层应用的智能化。

对于建筑行业，智能建造更多体现在上层应用这一块，涉及比较多的是智能交通、智能制造、智慧城市等。

意识层面主要分为培育创新生态文化系统，加强设计理论的精细化和科技化，完善管理运营模式。随着社会的发展，将不同学科的观念与成果引入既有建筑再生项目中是必然趋势，这体现了韧性理念中多样性、协作性的原则。对既有建筑再生设计韧性的研究，能够有效激发既有建筑再生设计项目的活力，保持整体统一的内在张力，合理构建既有建筑再生设计发展体系，对促进项目健康发展具有重要意义，有利于推进可持续发展。

参 考 文 献

[1] 张红歌.BIM 技术在既有建筑改造中的应用探究[D].成都:西南交通大学,2016.

[2] 陈丹羽.基于压力—状态—响应模型的城市韧性评估——以湖北省黄石市为例[D].武汉:华中科技大学,2019.

[3] 舒诚忆.资本视角下城市社区社会韧性定量评价方法研究[D].南京:东南大学,2019.

[4] 李瑶.既有城区生态韧性因子构成与评估体系研究——以天津市既有城区为例[D].天津:天津大学,2019.

[5] 李彤玥.基于弹性理念的城市总体规划研究初探[J].现代城市研究,2017(9):8-17.

[6] 陈旭,李慧民,闫瑞琦.旧工业建筑(群)再生利用在我国的发展及思考[J].建筑技术开发,2009,36(4):45-47.

[7] 寇怀云.工业遗产技术价值保护研究[D].上海:复旦大学,2007.

[8] 韩艺文.高校新校区土木学科群建筑设计策略研究[D].重庆:重庆大学,2016.

[9] 王智怡.城市公共安全韧性评估模型及提升策略研究[D].重庆:重庆大学,2019.

[10] WEEDENRB,THOMASWL.Man's role in changing the face of the earth[J].Journal of Wildlife Management,1957,23(2):252.

[11] 聂君.桂北地区山地旅游建筑设计研究[D].成都:西南交通大学,2009.

[12] 张磊.基于循环经济的城市既有住宅更新改造环境绩效分析和潜力评价[D].西安:西安建筑科技大学,2013.

[13] 杨国平,应磊,包家立,等.外扰作用下细胞内稳态鲁棒性实验研究

[J].中国生物医学工程学报,2011,30(3):363-369.

[14] 张明媛.城市承灾能力及灾害综合风险评价研究[D].大连:大连理工大学,2008.

[15] 胡慧,曾云川.论自然灾害对土木工程的影响[J].民营科技,2017(2):122.

[16] 姬程飞.混凝土结构改造与加固的应用分析[J].企业文化,2012,1(1):85.

[17] 朱铁栋.不同加固方法对钢筋混凝土结构抗震性能的影响研究[D].西安:长安大学,2007.

[18] 苏高峰.混凝土结构损坏机理的主要因素[J].山西建筑,2010,36(36):61-62.

[19] 姜海君.公路预应力混凝土桥梁的时变可靠度分析[D].西安:西南交通大学,2009.

[20] 蔡二龙.既有钢筋混凝土桥梁耐久性综合评估新方法的研究[D].天津:天津大学,2007.

[21] 袁广林,王来,鲁彩凤,等.建筑工程事故诊断与分析[M].北京:中国建材工业出版社,2007.

[22] 封琴琴,周张军.钢结构的设计及应注意的问题[J].城市建设理论研究,2015,15(17):4077-4078.

[23] 卜乐奇,陈星烨.建筑结构检测技术与方法[M].长沙:中南大学出版社,2003.

[24] 邸小坛,周燕.旧建筑物的检测加固与维护[M].北京:地震出版社,1992.

[25] 陈松来.轻型木结构房屋抗风性能研究[D].哈尔滨:哈尔滨工业大学,2009.

[26] 毕云龙.可控摇摆装置设计及试验研究[D].邯郸:河北工程大学,2014.

[27] 郝建兵.损伤可控结构的地震反应分析及设计方法研究[D].南京:东南大学,2015.

[28] 刘亮.自复位摇摆结构的发展与应用[J].低温建筑技术,2013,35(1):49-51.

[29] 赵园园.自复位消能桥墩抗震性能研究[D].西安:长安大学,2015.

[30] 田伟.蝴蝶形钢板墙—自复位结构体系的抗震性能[D].苏州:苏州科技学院,2015.

[31] 江晋民.基于形状记忆合金的低冲击大承载压紧释放装置研究[D].哈尔滨:哈尔滨工业大学,2012.

[32] 黄诚.一种自复位钢桁架梁构件非线性模拟分析[D].重庆:重庆大学,2015.

[33] 周威,刘洋,郑文忠.自复位混凝土剪力墙抗震性能研究进展与展望[J].哈尔滨工业大学学报,2018,50(12):1-13.

[34] 陈云,高洪波.工程结构可更换的设计思想和实现途径[J].低温建筑技术,2015,37(9):48-50.

[35] 佘羽.带阻尼器钢筋复合隔震层的基础隔震研究[D].长沙:湖南大学,2015.

[36] 吕西林,陈云,毛苑君.结构抗震设计的新概念——可恢复功能结构[J].同济大学学报(自然科学版),2011,39(7):941-948.

[37] 胡孔亮.基于 Pushover 的连拱桥抗震性能分析[D].西安:长安大学,2019.

[38] 文龙.建筑结构耗能减震技术及阻尼器研究进展[J].西南民族大学学报(自然科学版),2020,46(4):423-432.

[39] 邓明科,潘姣姣,韩剑,等.高延性混凝土加固剪力墙抗震性能试验研究[J].建筑结构学报,2019,40(11):45-55.

[40] 丁林.采用植筋连接的增大截面混凝土梁受剪性能研究[D].重庆:重庆大学,2013.

[41] 李大文.浅谈桥梁上部结构加固技术[J].建筑工程技术与设计,2015(28):878+746.

[42] 殷惠君.建筑结构加固、改造综合技术研究[D].上海:同济大学,2009.

[43] 张岩俊.碳纤维布加固混凝土受弯构件正截面承载力分析[D].成都:西南交通大学,2002.

[44] 韩冬.U形 FRP 箍设置位置对受剪加固效果的影响研究[D].西安:长

安大学,2015.

[45] 谢蒙.四川天府新区成都直管区乡村韧性空间重构研究[D].成都:西南交通大学,2017.

[46] 郭晶晶.旧工业建筑改造与文化展示空间的再生设计研究[D].重庆:四川美术学院,2018.

[47] 王润泽.现代公共建筑中公共空间的人性化设计思考与实践[D].苏州:苏州大学,2016.

[48] 严璐.公共景观中地面铺装营造手法研究[D].西安:西安理工大学,2015.

[49] 曹俊生.含钛微合金钢 Q345B 焊接热影响区组织及其性能研究[D].重庆:重庆大学,2018.

[50] 阮方.分室间歇用能方式下居住建筑围护结构保温节能理论研究[D].杭州:浙江大学,2017.

[51] 姚凯骞,王珂,晋玉洁,等.立体绿化打造建筑生态空间[J].2020,43(13):176-181.

[52] 邓攀.建筑垃圾资源化方法和利用价值[J].中国资源综合利用,2019,37(11):63-65.

[53] 方琦,高斌.地源热泵在我国供暖规划中应用的区域适用性探讨[C]//马东辉.安全减灾与工程规划的新发展:2012 年城市安全减灾与工程规划学术研讨会论文集.北京:中国城市出版社,2012:264-270.

[54] 杜德欣.公路工程建筑垃圾资源化处置及综合利用[J].工程技术研究,2020,5(3):11-14.

[55] 覃日帮.建筑垃圾资源化处理与技术工艺改进分析[J].建筑·建材·装饰,2019(4):144.

[56] 曹茂庆.绿色建筑与电磁屏蔽材料[J].表面技术,2020,49(2):1-11.

[57] 刘宇.后工业时代我国工业建筑遗产保护与再利用策略研究[D].天津:天津大学,2015.

[58] 何国平.上海软土地基建筑物纠倾加固方法及工程实例分析[D].上海:上海交通大学,2008.

[59]　林良进.地基处理选择与桩基选型研究[D].厦门:厦门大学,2009.

[60]　刘宗奇.朝阳大厦工程后植式扩底墩托换施工技术试验研究[D].天津:天津大学,2005.

[61]　陈千祥.既有厂房改造为公共交通枢纽中心的检测与加固工程研究[D].厦门:厦门大学,2012.

[62]　张银玲.新旧混凝土组合构件受力性能的研究[D].西安:西安工业大学,2015.

[63]　贺鸿珠.桥梁混凝土耐久性的研究进展负荷下水泥基材料的离子渗透及腐蚀的研究[D].上海:同济大学,2005.

[64]　朱海.零能耗建筑冬季采暖方式的补偿机理研究[D].武汉:华中科技大学,2010.

[65]　杨硕.智能建筑太阳能应用系统的研究[D].西安:长安大学,2009.

[66]　陈易.自然之韵——生态居住社区设计[M].上海:同济大学出版社,2003.

[67]　首钢集团.首钢与中关村共建人工智能创新应用产业园[J].中国钢铁业,2019(1):49.

[68]　王重生,叶跃忠.建筑材料[M].2版.重庆:重庆大学出版社,2013.

[69]　陈志萍.建筑产业废旧材料景观化探究[D].天津:天津大学,2009.

[70]　邹智乐.美丽乡村建设背景下中西部地区传统建筑材料的应用研究[D].长沙:湖南大学,2018.

[71]　王君.现代建筑材料的地域性表达[D].西安:西安建筑科技大学,2017.

[72]　左元华.房屋建筑工程节能施工技术初探[J].建材发展导向(上),2018,16(1):216-217.

[73]　李向阳.建筑节能与建筑设计中的新能源利用[J].建筑技术开发,2018,45(8):113-114.

[74]　陈军辉.新型建筑材料对工程经济成本控制的影响[J].低碳世界,2018(2):296-297.

[75]　李正华.论新型建筑材料的生态特点[J].商品与质量(学术观察),

2012(4):159.

[76] 施刚,石永久,王元清.超高强度钢材钢结构的受力性能和工程应用[C]//崔京浩.第 16 届全国结构工程学术会议论文集.北京:《工程力学》杂志社,2007:119-122.

[77] 郑晶晶.BIM 与 RFID 技术在装配式建筑中的应用研究[D].大连:大连理工大学,2018.

[78] 徐雨濛.我国装配式建筑的可持续性发展研究[D].武汉:武汉工程大学,2015.

[79] 牛莉.废旧建筑材料的资源化再利用探讨[J].建筑工程技术与设计,2017(7):2340.

[80] 吴波,陈琪.工程创新设计与实践教程:创新设计及机器人实践[M].北京:电子工业出版社,2009.

[81] 廖源铭."互联网+"战略下物流园区赢利模式研究[D].南京:东南大学,2018.

[82] 中国社会科学院哲学研究所《哲学动态》编辑部.不竭的时代精神:步入 21 世纪的马克思主义哲学[M].北京:社会科学文献出版社,2001.

[83] 崔旸.基于城市肌理的传统街区既有建筑再生模式研究[D].大连:大连理工大学,2016.

[84] 吴二军,王秀哲,甄进平,等.城市老旧小区改造新模式及关键技术[J].施工技术,2020,49(3):40-44.

[85] 张虹,熊学忠.废弃混凝土再生骨料的特性研究[J].武汉理工大学学报,2006,28(3):64-66.

[86] 吴云峰,孙成永.浅谈建筑物纠偏技术[J].科技资讯,2010(27):91.

[87] 郑宁.关于建筑改造之中西比较研究[D].天津:天津大学,2007.

[88] 沈婷婷.夏热冬冷地区既有居住建筑节能改造策略研究[D].杭州:浙江大学,2010.

[89] 张金玉.绿色建筑管理模式研究[D].青岛:山东科技大学,2009.

[90] 连永良.既有建筑物改造中的主体结构整体置换技术[J].建筑施工,2012,34(8):818-820.